共通テスト

新課程 攻略問題集

数学 I、A

JN022822

教学社

はじめに

『共通テスト新課程攻略問題集』刊行に寄せて

　本書は，2025年1月以降に「大学入学共通テスト」（以下，共通テスト）を受験する人のための，基礎からわかる，対策問題集です。

　2025年度の入試から新課程入試が始まります。共通テストにおいても，教科・科目が再編成されますが，2022年に高校に進学した人は，1年生のうちから既に新課程で学んでいますので，まずは普段の学習を基本にしましょう。

　新課程の共通テストで特に重視されるのは，「思考力」です。単に知識があるかどうかではなく，知識を使って考えることができるかどうかが問われます。また，学習の過程を意識した身近な場面設定が多く見られ，複数の資料を読み取るなどの特徴もあります。とは言え，これらの特徴は，2021年度からの共通テストや，その前身の大学入試センター試験（以下，センター試験）の出題の傾向を引き継ぐ形です。

　そこで本書では，必要以上にテストの変化にたじろぐことなく，落ち着いて新課程の対策が始められるよう，大学入試センターから公表された資料等を詳細に分析し，対策に最適な問題を精選しています。そして，初歩から実戦レベルまで，効率よく演習できるよう，分類・配列にも工夫を施しています。早速，本書を開いて，今日から対策を始めましょう！

　受験生の皆さんにとって本書が，共通テストへ向けた攻略の着実な一歩となることを願っています。

教学社 編集部

作題・執筆協力　杉原　聡（河合塾講師）
　　　　　　　　吉田大悟（河合塾講師，兵庫県立大学講師，龍谷大学講師）
執筆協力　　　　我妻健人（攻玉社中学校・高等学校教諭）

もくじ

※大学入試センターからの公開資料等について，本書では下記のように示しています。

・**試作問題**：[新課程] でのテストに向けて，2022年11月に作問の方向性を示すものとして公表されたテスト。

※本書に収載している，共通テストやその試作問題に関する〔正解・配点・平均点〕は，大学入試センターから公表されたものです。

※本書の内容は，2023年6月時点の情報に基づいています。最新情報については，大学入試センターのウェブサイト（https://www.dnc.ac.jp/）等で，必ず確認してください。

本書の特長と使い方

　本書は，2025 年度以降の共通テストで**「数学Ⅰ，数学A」**を受験する人のための対策問題集です。この年から，共通テストで出題される内容が新しい学習指導要領（以下「新課程」）に即したものに変わります。それに関して，大学入試センターより発表されている資料を徹底的に分析するとともに，本番に向けて取り組んでおきたい問題を収載し，丁寧に解説しています。

››› 共通テストの基本知識を身につける

　「分析と対策」では，新課程における共通テスト「数学Ⅰ，数学A」の問題について，先立って大学入試センターから発表された，**問題作成方針**や**「試作問題」**から読み取れる特徴を徹底的に分析し，これまで出題されていた共通テストの傾向もふまえ，その対策において重要な点を詳しく解説しています。

››› 分野別の問題演習で実力養成

　「分野別の演習」では，学習指導要領の構成に沿って，演習問題とその解説を収載しています。演習問題は，「試作問題」のすべての問題と，これまでの共通テストの過去問の中から有用な問題を精選しています。加えて，試作問題やこれまでの共通テストの傾向を踏まえて独自に作成した，**オリジナル問題**を掲載しています。

››› 本書の活用法

　各分野についての演習問題を解くことで，基礎的な力を確認するとともに，共通テストで求められる思考力や読解力を養ってください。1 問 1 問じっくりと解くことで理解を深めましょう。共通テストでは，各分野の総合的な理解が欠かせません。演習の際に知識不足を感じたら，教科書や参考書を用いて知識を再確認してください。さらに演習を重ねたい人は，**過去問集に取り組む**ことをおすすめします。迷わずに正答にたどり着ける実力が養成されていることが実感できるでしょう。

分析と対策

■ どんな問題が出るの？

　2021年1月からスタートした「大学入学共通テスト」は，2025年1月から，新課程に対応した試験となります。大学入試センターから変更点が発表され，変更点にかかわる「試作問題」も2022年11月9日に公表されました。

　新課程の共通テストではどんな問題が出題されるのでしょうか？　公表された資料や試作問題の形式を確認しながら，これまでの共通テストとの共通点と相違点を具体的に見ていきましょう。

■ 問題作成方針

　共通テストの数学の**「問題作成方針」**は，下記のようになっています。

> 　数学の**問題発見・解決の過程**を重視する。事象を数理的に捉え，数学の問題を見いだすこと，解決の見通しをもつこと，目的に応じて**数，式，図，表，グラフなどの数学的な表現**を用いて処理すること，及び**解決過程を振り返り**，得られた結果を意味づけたり，活用したり，統合的・発展的に考察したりすることなどを求める。
> 　問題の作成に当たっては，数学における**概念や原理を基に考察したり，数学のよさを認識できたりするような題材等**を含め検討する。例えば，**日常生活や社会の事象など様々な事象を数理的に捉え，数学的に処理できる題材，教科書等では扱われていない数学の定理等を既習の知識等を活用しながら導くことのできるような題材**が考えられる。

　試作問題を見ても，こうした方針が明確に表れた意欲的なものとなっています。新課程になるとはいえ，試作問題の中には2021年度の第1日程と同じ問題もあり，これまでの共通テストの内容や形式をほぼ継承しているといえます。会話形式や実用的な設定の多用，複数の資料・データの提示など，全体的に「読ませる」「考えさせる」設定になっており，**思考力・判断力・表現力**を問うために，問題の内容や設問の形式において様々な特徴が見られます。数学の本質や実用を意識させるような問い方になっており，**解いてみると楽しい，よく練られた良問**であると実感できます。

■ 出題科目と試験時間

　共通テストの数学は**2つのグループ**に分かれて実施されますが，新課程では下記のようになります。グループ②の出題科目は，従来「数学Ⅱ」『数学Ⅱ・数学B』『簿記・会計』『情報関係基礎』の4科目から1科目選択で，試験時間60分で実施されていましたが，『**数学Ⅱ，数学B，数学C**』1科目に変更され，試験時間もグループ①と同様に**70分**となります。配点は，グループ①・②ともに，従来と変わらず**100点満点**です。

グループ	出題科目	出題方法	試験時間 （配点）
①	『**数学Ⅰ，数学A**』 「**数学Ⅰ**」	• 左記出題科目の2科目のうちから1科目を選択し，解答する。 • 「数学A」については，図形の性質，場合の数と確率の2項目に対応した出題とし，全てを解答する。	70分 （100点）
②	『**数学Ⅱ，数学B，数学C**』	• 「数学B」及び「数学C」については，数列（数学B），統計的な推測（数学B），ベクトル（数学C）及び平面上の曲線と複素数平面（数学C）の4項目に対応した出題とし，4項目のうち3項目の内容の問題を選択解答する。	70分 （100点）

　『**数学Ⅰ，数学A**』では，従来は「数学A」の範囲が選択問題で，3問のうち2問を解答することになっていましたが，新課程では**選択問題を含まず，すべてを解答**することになります。なお，「数学A」の範囲では，**「整数の性質」が出題されなくなり**，「図形の性質」，「場合の数と確率」の2項目に対応した出題となります。

　『**数学Ⅱ，数学B，数学C**』では，従来は「数学B」の範囲が選択問題で，3問のうち2問を解答することになっていましたが，新課程では**「数学C」が追加**され，「数学B」の「数列」，「統計的な推測」と，「数学C」の「ベクトル」，「平面上の曲線と複素数平面」の計**4項目のうち3項目の内容の問題を選択解答**することになり，選択問題が1問増えました。なお，従来「数学B」にあった「ベクトル」は「数学C」に移されましたが，**「平面上の曲線と複素数平面」は新課程入試で新たに出題される項目**になります。

■ 変更点のまとめ

数学Ⅰ，数学A

- 選択問題3題のうち「整数の性質」が出題されなくなる。
- 選択問題であった「図形の性質」と「場合の数と確率」が必答問題になる。

数学Ⅱ，数学B，数学C

- 出題科目が「数学Ⅱ・数学B」から「数学Ⅱ，数学B，数学C」になる。
- 試験時間が60分から70分になる。
- 選択問題が，「3題のうち2題選択」から，「4題のうち3題選択」になる。
- 選択問題に「平面上の曲線と複素数平面」（数学C）が新しく出題される。

>>> 数学 I，数学 A／大問構成・配点

試　験	区　分	大　問	項　目	配　点
新課程 試作問題	全問必答	第1問	〔1〕2次方程式，数と式 〔2〕図形と計量	10点 20点
		第2問	〔1〕2次関数 〔2〕データの分析	15点 15点
		第3問	図形の性質	20点
		第4問	場合の数と確率	20点
2023年度 本試験	必　答	第1問	〔1〕数と式 〔2〕図形と計量	10点 20点
		第2問	〔1〕データの分析 〔2〕2次関数	15点 15点
	2問選択	第3問	場合の数と確率	20点
		第4問	整数の性質	20点
		第5問	図形の性質	20点
2023年度 追試験	必　答	第1問	〔1〕数と式 〔2〕図形と計量	10点 20点
		第2問	〔1〕2次関数 〔2〕データの分析 〔3〕データの分析	15点 6点 9点
	2問選択	第3問	場合の数と確率	20点
		第4問	整数の性質	20点
		第5問	図形の性質	20点
2022年度 本試験	必　答	第1問	〔1〕数と式 〔2〕図形と計量 〔3〕図形と計量，2次関数	10点 6点 14点
		第2問	〔1〕2次関数，集合と論理 〔2〕データの分析	15点 15点
	2問選択	第3問	場合の数と確率	20点
		第4問	整数の性質	20点
		第5問	図形の性質	20点

2022 年度 **追試験**	必 答	第 1 問	〔1〕数と式	10 点
			〔2〕図形と計量	6 点
			〔3〕図形と計量	14 点
		第 2 問	〔1〕2 次関数	15 点
			〔2〕データの分析	15 点
	2 問選択	第 3 問	場合の数と確率	20 点
		第 4 問	整数の性質	20 点
		第 5 問	図形の性質	20 点
2021 年度 **本試験** **(第 1 日程)**	必 答	第 1 問	〔1〕2 次方程式，数と式	10 点
			〔2〕図形と計量	20 点
		第 2 問	〔1〕2 次関数	15 点
			〔2〕データの分析	15 点
	2 問選択	第 3 問	場合の数と確率	20 点
		第 4 問	整数の性質	20 点
		第 5 問	図形の性質	20 点
2021 年度 **本試験** **(第 2 日程)**	必 答	第 1 問	〔1〕数と式，集合と論理	10 点
			〔2〕図形と計量	20 点
		第 2 問	〔1〕2 次関数	15 点
			〔2〕データの分析	15 点
	2 問選択	第 3 問	場合の数と確率	20 点
		第 4 問	整数の性質	20 点
		第 5 問	図形の性質	20 点

　試作問題は大問 4 題で，第 1 問・第 2 問が「数学 I」の範囲（計 60 点），第 3 問・第 4 問が「数学 A」の範囲（計 40 点）からの出題でした。なお，試作問題のうち，新規に作成された問題は第 2 問〔2〕の**「データの分析」**，第 4 問の**「場合の数と確率」**のみで，その他の問題は 2021 年度第 1 日程と共通問題でした。

>>> 数学Ⅱ，数学Ｂ，数学Ｃ／大問構成・配点

試　験	区　分	大　問	項　目	配　点
新課程 試作問題	必　答	第1問	三角関数	15点
		第2問	指数関数	15点
		第3問	微分・積分	22点
	3問選択	第4問	数列	16点
		第5問	統計的な推測	16点
		第6問	ベクトル	16点
		第7問	〔1〕平面上の曲線 〔2〕複素数平面	4点 12点
2023年度 本試験	必　答	第1問	〔1〕三角関数 〔2〕指数・対数関数	18点 12点
		第2問	〔1〕微分 〔2〕積分	15点 15点
	2問選択	第3問	確率分布と統計的な推測	20点
		第4問	数列	20点
		第5問	ベクトル	20点
2023年度 追試験	必　答	第1問	〔1〕いろいろな式 〔2〕対数関数	16点 14点
		第2問	〔1〕微分 〔2〕積分	20点 10点
	2問選択	第3問	確率分布と統計的な推測	20点
		第4問	数列	20点
		第5問	ベクトル	20点
2022年度 本試験	必　答	第1問	〔1〕図形と方程式 〔2〕指数・対数関数	15点 15点
		第2問	〔1〕微分 〔2〕積分	18点 12点
	2問選択	第3問	確率分布と統計的な推測	20点
		第4問	数列	20点
		第5問	ベクトル	20点

2022 年度 **追試験**	必　答	第 1 問	〔1〕図形と方程式	15 点
			〔2〕三角関数	15 点
		第 2 問	微分・積分	30 点
	2 問選択	第 3 問	確率分布と統計的な推測	20 点
		第 4 問	数列	20 点
		第 5 問	ベクトル	20 点
2021 年度 **本試験** **(第 1 日程)**	必　答	第 1 問	〔1〕三角関数	15 点
			〔2〕指数関数	15 点
		第 2 問	微分・積分	30 点
	2 問選択	第 3 問	確率分布と統計的な推測	20 点
		第 4 問	数列	20 点
		第 5 問	ベクトル	20 点
2021 年度 **本試験** **(第 2 日程)**	必　答	第 1 問	〔1〕対数関数	13 点
			〔2〕三角関数	17 点
		第 2 問	〔1〕微分・積分	17 点
			〔2〕微分・積分	13 点
	2 問選択	第 3 問	確率分布と統計的な推測	20 点
		第 4 問	〔1〕数列	6 点
			〔2〕数列	14 点
		第 5 問	ベクトル	20 点

※ 2023 年度以前は「数学Ⅱ・数学B」。

　試作問題は大問 7 題で，第 1 問〜第 3 問が「数学Ⅱ」の範囲（計 52 点），第 4 問〜第 7 問が「数学B」「数学C」の範囲（各 16 点，計 48 点）でした。選択問題が増えた分，「数学Ⅱ」の配点が従来の 60 点から少なくなりました。なお，試作問題のうち，新規に作成された問題は第 5 問 **「統計的な推測」**，第 7 問 **「平面上の曲線と複素数平面」** のみで，その他の問題は 2021 年度第 1 日程と共通または一部を改題されたものでした。

■ 問題の場面設定

　共通テストの大きな特徴のひとつが，問題の場面設定です。生徒同士や先生と生徒による**会話文の設定**や，教育現場での **ICT（情報通信技術）活用の設定**，社会や日常生活における**実用的な設定**の問題などが目を引きます。また，既知ないし未知の**公式ないし数学的事実の考察・証明**や，**大学で学ぶ高度な数学の内容を背景とする**ような出題も見られます（本書では，場面設定の分類について，問題に 会話設定 などのマークを付しています）。

　いずれも，そうした内容自体が知識として問われるわけではなく，あくまでも，高校で身につけた内容を駆使して取り組めるように工夫がこらされていますが，設定が目新しく，長めの問題文を読みながら解き進めていく必要もあるので，柔軟な応用力が試されるものとなっています。

≫≫ 場面設定の分類

分　類		会話文の設定 会話設定	ICT活用の設定 ICT活用	実用的な設定 実用設定	考察・証明 高度な数学的背景 考察・証明
数学I・数学A	新課程 試作問題	1〔1〕, 2〔2〕, 4		2〔1〕, 2〔2〕, 4	1〔2〕, 4
	2023 本試験	2〔2〕, 4		2〔1〕, 2〔2〕	2〔2〕, 3, 5
	2023 追試験	2〔1〕		2〔1〕, 2〔2〕	
	2022 本試験	1〔2〕, 2〔1〕	2〔1〕	1〔2〕, 2〔2〕, 3	3, 4
	2022 追試験			1〔2〕, 2〔2〕, 3	1〔3〕, 3, 5
	2021 第1日程	1〔1〕, 3		2〔1〕, 2〔2〕	1〔2〕, 3, 4
	2021 第2日程	2〔1〕	1〔2〕	2〔1〕, 2〔2〕	1〔2〕, 4, 5
数学II・数学B	新課程 試作問題 II, B, C	2, 7〔2〕	7〔1〕, 7〔2〕	5	2, 3, 5, 6
	2023 本試験	2〔2〕		2〔2〕, 3, 4	1〔1〕, 1〔2〕
	2023 追試験	2〔1〕		1〔2〕, 2〔1〕, 3	
	2022 本試験	1〔1〕, 4, 5		3, 4	1〔1〕, 1〔2〕
	2022 追試験	1〔2〕			2, 3, 4, 5
	2021 第1日程	1〔2〕		3	1〔2〕, 2, 5
	2021 第2日程	1〔1〕		3, 4〔2〕	1〔2〕

※数字は大問番号，〔　〕は中問。

◼ 難易度

　2021年度の共通テストでは，大多数が受験した第1日程の平均点はいずれも50点台となりました。2022年度はさらに難化し，40点前後の平均点となりましたが，2023年度は50〜60点台の高めの平均点となりました。今後も場面設定や設問形式による難化を想定して臨む方がよいと思われます。本書掲載の問題に取り組むことはもちろん，共通テストの過去問にはすべて取り組んでみて，こうした設定や形式に慣れておきましょう。本書で演習問題として掲載しているオリジナル問題も，それに準じてやや難しめの設定・形式で作成しています。

⟫⟫⟫ 平均点の比較

科目名	2023 本試験	2022 本試験	2021 第1日程	2021 第2日程
数学Ⅰ・数学A	55.65点	37.96点	57.68点	39.62点
数学Ⅱ・数学B	61.48点	43.06点	59.93点	37.40点

※追試験は非公表。

◼ 数学特有の形式と解答用紙

　他科目では，選択肢の中から答えのマーク番号を選択する形式がほとんどですが，数学では，**与えられた枠に当てはまる数字や記号をマークする，穴埋め式**で出題されています。

　解答用紙には，**0〜9の数字**だけでなく，**−の符号**と，『数学Ⅰ・数学A』「数学Ⅰ」では±の符号も，『数学Ⅱ・数学B』「数学Ⅱ」ではa〜dの記号も設けられていますが，新課程では±の符号とa〜dの記号は廃止される予定です。分数は既約分数で，根号がある場合は根号の中の数字が最小となる形で解答しなければならないことにも注意が必要です。

　共通テストでは，選択肢の中から選ぶ形式の出題も増え，数字や符号を穴埋めする問題と区別して，　　　　と二重四角で表されています。本番で焦らないよう，こうした形式に慣れておきましょう。問題冊子の裏表紙に**「解答上の注意」**が印刷されていますので，**試験開始前によく読みましょう。**

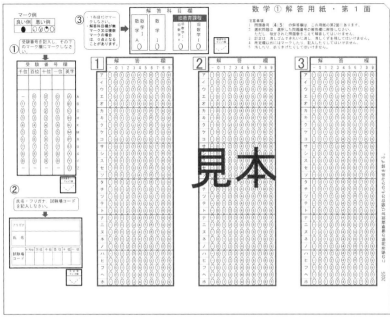

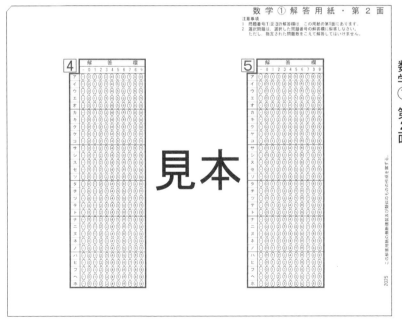

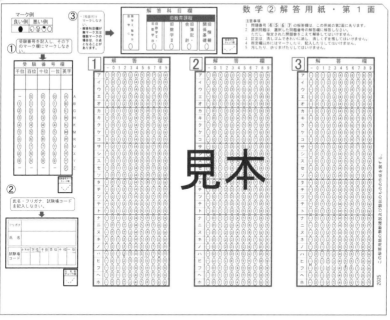

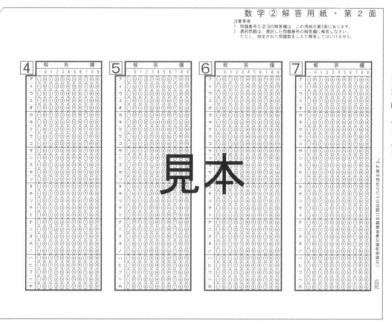

チェックリスト

トライした日付を書こう！
問題は解きっぱなしではなく必ず答え合わせしておくとよい。

数学Ⅰ

第1章　数と式

	1回目（月日）	2回目（月日）
1	／	／
2	／	／
3	／	／

第2章　図形と計量

	1回目（月日）	2回目（月日）
1	／	／
2	／	／
3	／	／

第3章　2次関数

	1回目（月日）	2回目（月日）
1	／	／
2	／	／
3	／	／

第4章　データの分析

	1回目（月日）	2回目（月日）
1	／	／
2	／	／
3	／	／

数学A

第5章　図形の性質

	1回目（月日）	2回目（月日）
1	／	／
2	／	／
3	／	／

第6章　場合の数と確率

	1回目（月日）	2回目（月日）
1	／	／
2	／	／
3	／	／

MEMO

第1章
数 と 式

第1章　数と式

『数学Ⅰ・数学A』では，第1問〔1〕で10点分が出題されています。新課程の『数学Ⅰ，数学A』の試作問題でも，第1問〔1〕で10点分が出題され，2021年度の第1日程の第1問〔1〕と共通問題でした。

式の展開，因数分解，1次不等式，集合などを扱う単元で，新課程でも内容的に変更はありません。共通テストでは，根号を含む計算や，絶対値を含む方程式や不等式がよく出題されています。センター試験では必要条件と十分条件が頻出項目でしたが，共通テストでも他分野の大問の中で問われることがあるので，注意が必要です。「数と式」は，いずれの項目も他の分野の基礎となる部分ですので，しっかりと固めておきましょう。

■ 共通テストでの出題項目

試　験	大　問	出題項目	配　点
新課程 試作問題	第1問〔1〕	2次方程式，式の値 会話設定	10点
2023 本試験	第1問〔1〕	絶対値を含む不等式，式の値	10点
2023 追試験	第1問〔1〕	不等式	10点
2022 本試験	第1問〔1〕	式の値，対称式	10点
2022 追試験	第1問〔1〕	絶対値を含む方程式	10点
2021 本試験 （第1日程）	第1問〔1〕	2次方程式，式の値 会話設定	10点
2021 本試験 （第2日程）	第1問〔1〕	絶対値を含む不等式で定められる集合	10点

学習指導要領における内容

> ア．次のような知識及び技能を身に付けること。
> （ア）　数を実数まで拡張する意義を理解し，簡単な無理数の四則計算をすること。
> （イ）　集合と命題に関する基本的な概念を理解すること。
> （ウ）　二次の乗法公式及び因数分解の公式の理解を深めること。
> （エ）　不等式の解の意味や不等式の性質について理解し，一次不等式の解を求めること。
>
> イ．次のような思考力，判断力，表現力等を身に付けること。
> （ア）　集合の考えを用いて論理的に考察し，簡単な命題を証明すること。
> （イ）　問題を解決する際に，既に学習した計算の方法と関連付けて，式を多面的に捉えたり目的に応じて適切に変形したりすること。
> （ウ）　不等式の性質を基に一次不等式を解く方法を考察すること。
> （エ）　日常の事象や社会の事象などを数学的に捉え，一次不等式を問題解決に活用すること。

問題 **1－1**

オリジナル問題

(1) 次の⓪～⑨のうち，無理数は ア と イ である。

ア ， イ の解答群（解答の順序は問わない。）

⓪ 3.6 ① $\dfrac{\sqrt{18}}{\sqrt{2}}$ ② $\dfrac{3}{6}$ ③ 0 ④ -0.6

⑤ 0.12345 ⑥ $\dfrac{\sqrt{24}}{\sqrt{3}}$ ⑦ -0.12345 ⑧ $\dfrac{4}{3}$ ⑨ $-\dfrac{\sqrt{5}}{2}$

(2) 有理数と無理数について，次の⓪～⑥のうち正しいものは ウ ， エ ， オ ， カ である。

ウ ～ カ の解答群（解答の順序は問わない。）

⓪ 2つの無理数の和は常に無理数である。
① 2つの有理数の差は常に有理数である。
② 有理数と無理数をかけると常に無理数になる。
③ 無理数を2乗すると常に有理数になる。
④ 有理数を2乗すると常に有理数になる。
⑤ 無理数と有理数の和は常に無理数である。
⑥ 無理数と無理数をかけると無理数になることがある。

　花子さんと太郎さんは，因数分解について先生と会話をしている。

先生：すべての係数が整数である多項式を整数係数多項式といいます。
　　　ここでは，整数係数多項式の積に分解できることを"因数分解"できるといい，そうでない場合は，"因数分解"できないということにします。したがって，x^2-2 は"因数分解"できないとします。
　　　すると，たとえば $a^2+2ab+b^2+3$ は"因数分解"できませんが，$a^2+2ab+b^2-\boxed{\text{＊}}$ は"因数分解"できます。
太郎：$a^2+8ab+5b^2$ は"因数分解"できませんが，$a^2+8ab+\boxed{\text{サ}}\,b^2$ は"因数分解"できますし，$a^2+8ab+\boxed{\text{シス}}\,b^2$ も"因数分解"できますね。

(3)　　 ＊ 　に当てはまる正の整数として適するものは，次の ⓪ 〜 ⑨ のうち キ ，
ク ， ケ ， コ である。

　　　 キ 〜 コ の解答群（解答の順序は問わない。）

⓪　1	①　2	②　4	③　5	④　7
⑤　8	⑥　9	⑦　12	⑧　16	⑨　27

(4)　　 サ 　に当てはまる 1 桁の正の整数を答えよ。

(5)　　 シス 　に当てはまる 2 桁の正の整数のうち，最大の数を答えよ。

先生：次に，$x^4 + 4$ を"因数分解"してみてください。

花子："因数分解"できそうにありません。$x^4 + 4x^2 + 4$ なら"因数分解"できる
　　　のに。

太郎：$x^4 + 4x^2 + 4$ をもとにして考えることができそうです。

---

(6)　　　$x^4 + 4 = x^4 + 4x^2 + 4 -$ セ x^2

　　　　　　　$= (x^2 -$ ソ $x +$ タ $)(x^2 +$ チ $x +$ ツ $)$

　と"因数分解"できる。

(7)　上で $x^4 + 4$ を"因数分解"したときと同じ発想を用いて，$x^4 - 3x^2 + 9$ を"因数分
　　解"すると

　　　　　$x^4 - 3x^2 + 9 = ($ テ $)($ ト $)$

　となる。

　　　 テ ， ト の解答群（解答の順序は問わない。）

⓪　$x^2 + x + 3$	①　$x^2 - x + 3$	②　$x^2 + 3x + 3$
③　$x^2 - 3x + 3$	④　$x^2 + x - 3$	⑤　$x^2 - x - 3$
⑥　$x^2 + 3x - 3$	⑦　$x^2 - 3x - 3$	⑧　$x^2 - x - 9$
⑨　$x^2 + x - 1$		

先生：よくできました。それでは，最後に難しい問題を出します。

$$a^4 + b^4 + c^4 - 2a^2b^2 - 2b^2c^2 - 2c^2a^2$$ を "因数分解" してください。

太郎：難しいです。$a^2 = A$，$b^2 = B$，$c^2 = C$ とおいてやろうと思いましたが，なかなかうまくいきません。ヒントをください。

先生：確かに，そのような文字の置き換えをしたくなる気持ちもわかりますが，今回はそれでは成功しません。

　　　どの文字についても同じ次数ですから，どれでもよいので1つの文字について整理してみるとうまくいくことが多いですよ。

太郎：たとえば，a について降べきの順に整理してみると

$$a^4 + b^4 + c^4 - 2a^2b^2 - 2b^2c^2 - 2c^2a^2$$
$$= a^4 - \boxed{ナ}(b^2 + c^2)\, a^2 + (b^4 - 2b^2c^2 + c^4)$$

と変形できますね。

先生：そして，a についての定数項をうまく変形してみてください。

太郎：うまくいきそうな気がしてきました。

$$a^4 - \boxed{ナ}(b^2 + c^2)\, a^2 + (b^4 - 2b^2c^2 + c^4)$$
$$= a^4 - \boxed{ナ}(b^2 + c^2)\, a^2 + (b^2 + c^2)^2 - \boxed{ニ}\, b^2c^2$$
$$= \{a^2 - (b^2 + c^2)\}^2 - (\boxed{ヌ}\, bc)^2$$
$$= (a^2 - b^2 - c^2 - \boxed{ネ}\, bc)(a^2 - b^2 - c^2 + \boxed{ノ}\, bc)$$

となります。

先生："因数分解" とは整数係数多項式の積で表すことですので，それで "因数分解" できたことになっていますが，普通はこれ以上 "因数分解" できない状態まで "因数分解" しておきます。

花子：すると，$\boxed{ハ}$ まで変形できます。

(8) $\boxed{ナ} \sim \boxed{ノ}$ に当てはまる数を答えよ。また，$\boxed{ハ}$ については，最も適当なものを，次の⓪～⑥のうちから一つ選べ。

⓪ $(a+b+c)^2(a-b-c)^2$		① $(a+b+c)(a-b-c)(a-b+c)^2$
② $(a+b+c)(a-b-c)(a+b-c)^2$		③ $(a-b-c)(a+b-c)(a-b+c)^2$
④ $(a+b+c)(a-b-c)(a+b-c)(a-b+c)$		
⑤ $(a-b-c)(a+b-c)^2(a-b+c)$		⑥ $(a-b-c)^2(a+b-c)(a-b+c)$

問題 **1 － 1**

解答記号	ア，イ	ウ，エ，オ，カ	キ，ク，ケ，コ	サ	シス
正　解	⑥，⑨ (解答の順序は問わない)	①，④，⑤，⑥ (解答の順序は問わない)	⓪，②，⑥，⑧ (解答の順序は問わない)	7	16
チェック					

解答記号	$-$セx^2	$(x^2-$ソ$x+$タ$)(x^2+$チ$x+$ツ$)$	テ，ト	$-$ナ$(b^2+c^2)a^2$
正　解	$-4x^2$	$(x^2-2x+2)(x^2+2x+2)$	②，③ (解答の順序は問わない)	$-2(b^2+c^2)a^2$
チェック				

解答記号	$-$ニb^2c^2	$-($ヌ$bc)^2$	$(a^2-b^2-c^2-$ネ$bc)(a^2-b^2-c^2+$ノ$bc)$	ハ
正　解	$-4b^2c^2$	$-(2bc)^2$	$(a^2-b^2-c^2-2bc)(a^2-b^2-c^2+2bc)$	④
チェック				

《有理数と無理数，因数分解》　　会話設定

(1)　無理数とは，「有理数でない実数」である。有理数は，$\dfrac{整数}{自然数}$ で表すことのできる数である。ここで，注意したいことは，小数や分数というのは，数の表記の手段であるということである。このことに注意して選択肢を順にみていくと

⓪　$3.6=\dfrac{36}{10}$ と表すことができるので**有理数**である。

①　$\dfrac{\sqrt{18}}{\sqrt{2}}=\sqrt{9}=\dfrac{3}{1}$ と表すことができるので**有理数**である。

②　$\dfrac{3}{6}$ は**有理数**である。

③　$0=\dfrac{0}{1}$ と表すことができるので**有理数**である。

④　$-0.6=\dfrac{-6}{10}$ と表すことができるので**有理数**である。

⑤　$0.12345=\dfrac{12345}{100000}$ と表すことができるので**有理数**である。

⑥　$\dfrac{\sqrt{24}}{\sqrt{3}}=\sqrt{8}=2\sqrt{2}$ は $\sqrt{2}$ が無理数であることから，**無理数**である。

⑦　$-0.12345=\dfrac{-12345}{100000}$ と表すことができるので**有理数**である。

⑧　$\dfrac{4}{3}$ は有理数である。

⑨　$-\dfrac{\sqrt{5}}{2}$ は $\sqrt{5}$ が無理数であることから，無理数である。

以上より，$\boxed{⑥}$，$\boxed{⑨}$ →ア，イ が当てはまる。

(2)　有理数・無理数に関する記述についての正誤を問う問題である。選択肢を順にみていくと

⓪　「2つの無理数の和は常に無理数である」に関しては，$\sqrt{2}$，$-\sqrt{2}$ はともに無理数であるが，それらの和 $\sqrt{2}+(-\sqrt{2})=0$ は有理数であるから，「和は常に無理数である」わけではなく，正しくない。

①　「2つの有理数の差は常に有理数である」に関しては，2つの有理数を $\dfrac{p}{q}$，$\dfrac{r}{s}$

$\left(\dfrac{p}{q}\leqq\dfrac{r}{s}, \ p と r は整数であり，q と s は自然数\right)$ とすると，その差は

$$\dfrac{r}{s}-\dfrac{p}{q}=\dfrac{qr}{qs}-\dfrac{ps}{qs}=\dfrac{qr-ps}{qs}$$

となり，これは有理数であるから，正しい。

②　「有理数と無理数をかけると常に無理数になる」に関しては，有理数0と無理数の積は0となり，これは有理数であるから，「常に無理数になる」わけではなく，正しくない。

③　「無理数を2乗すると常に有理数になる」に関しては，無理数 $1+\sqrt{2}$ の2乗は
$$(1+\sqrt{2})^2=3+2\sqrt{2}$$

となり，これは無理数であるから，「常に有理数になる」わけではなく，正しくない。

④　「有理数を2乗すると常に有理数になる」に関しては，有理数 $\dfrac{p}{q}$（p は整数で q は自然数）の2乗は

$$\left(\dfrac{p}{q}\right)^2=\dfrac{p^2}{q^2}$$

となり，これは有理数であるから，正しい。

有理数同士の四則演算（＋，−，×，÷，ただし，0で割ることはもちろん除く）については，その結果も有理数になる。このことは自由に議論のなかで使えるようになることが望ましい。

⑤　「無理数と有理数の和は常に無理数である」に関しては，正しい。

無理数と有理数の和が無理数でない場合があるとすると，無理数と有理数の和が

有理数になることがあることになるから，この無理数は有理数と有理数の差となってしまう。有理数同士の差は有理数であるので，これは矛盾する。よって，正しい。

⑥　「無理数と無理数をかけると無理数になることがある」に関しては，**正しい**。例えば，$\sqrt{2} \times (1+\sqrt{2}) = \sqrt{2}+2$ や $\sqrt{2} \times \sqrt{3} = \sqrt{6}$ などがそうである。他にもいくらでもある。よって，正しい。

以上より，正しいものは ①，④，⑤，⑥　→**ウ，エ，オ，カ** である。

(3)　$a^2 + 2ab + b^2 - \boxed{\ast}$ が"因数分解"できる条件は，$\ast$ が平方数であることである。実際，$\ast$ が平方数 1，4，9，16 などであれば

$$a^2 + 2ab + b^2 - 1 = (a+b)^2 - 1^2 = (a+b+1)(a+b-1)$$
$$a^2 + 2ab + b^2 - 4 = (a+b)^2 - 2^2 = (a+b+2)(a+b-2)$$
$$a^2 + 2ab + b^2 - 9 = (a+b)^2 - 3^2 = (a+b+3)(a+b-3)$$
$$a^2 + 2ab + b^2 - 16 = (a+b)^2 - 4^2 = (a+b+4)(a+b-4)$$

と"因数分解"できる。

平方数でない場合は"因数分解"できないが，そのことは次のようにこの命題の対偶を証明することで，論証できる。

"因数分解"できるとすると，その"因数分解"した式で $b=0$ とすると，a のみの整数係数多項式で"因数分解"できたことになる。これは，$a^2 - \boxed{\ast}$ が a の多項式として"因数分解"できることになるが，$\ast$ が平方数でない場合には起こりえない。展開した際，a の1次の係数を0にするには，$(a+\blacksquare)(a-\blacksquare)$ のように，a についての定数項を符号違いのものにするしかなく，すると，展開した際，展開した式の定数項は $-\blacksquare^2$ となるからである。

よって，選択肢のうち当てはまるものは ⓪，②，⑥，⑧　→**キ，ク，ケ，コ** である。

(4)　$a^2 + 8ab + \boxed{サ} b^2$ のサに1桁の正の整数を順に代入していくと，$a^2 + 8ab + 7b^2$ だけが"因数分解"できる。よって，当てはまる1桁の正の整数は $\boxed{7}$ →**サ** のみである。

あるいは，ab の係数8を2つの自然数の和で表したとき，その2数の組合せとしては

$$1+7,\quad 2+6,\quad 3+5,\quad 4+4$$

しかなく，積が1桁になるのは，$1+7$ の場合の $1 \times 7 = 7$ のみである。

(5) $a^2+8ab+\boxed{シス}b^2=(a+pb)(a+qb)$ と "因数分解" したとき, p, q は整数で,

$p+q=8$, $pq=\boxed{シス}$ を満たす。

$pq>0$, $p+q=8$ を満たす整数 p, q の組合せとしては

$$1+7, \quad 2+6, \quad 3+5, \quad 4+4$$

しかなく, 積が2桁で最大になるのは, $p=q=4$ の場合である。したがって,

$4\times4=\boxed{16}$ →シス が当てはまる。

(6)
$$x^4+4=x^4+\underline{4x^2}+4-\boxed{4}x^2 \quad →セ$$
$$=(x^2+2)^2-(2x)^2=\{(x^2+2)-2x\}\{(x^2+2)+2x\}$$
$$=(x^2-\boxed{2}x+\boxed{2})(x^2+\boxed{2}x+\boxed{2}) \quad →ソ, タ, チ, ツ$$

と "因数分解" できる。

(7)
$$x^4-3x^2+9-x^4+\underline{6x^2}+9-\underline{9x^2}$$
$$=(x^2+3)^2-(3x)^2=\{(x^2+3)+3x\}\{(x^2+3)-3x\}$$
$$=(x^2+3x+3)(x^2-3x+3)$$

よって, 当てはまるものは $\boxed{②}$, $\boxed{③}$ →テ, ト である。

(8)
$$a^4+b^4+c^4-2a^2b^2-2b^2c^2-2c^2a^2$$
$$=a^4-\boxed{2}(b^2+c^2)a^2+(b^4-2b^2c^2+c^4) \quad →ナ$$
$$=a^4-2(b^2+c^2)a^2+(b^2+c^2)^2-\boxed{4}b^2c^2 \quad →ニ$$
$$=\{a^2-(b^2+c^2)\}^2-(\boxed{2}bc)^2 \quad →ヌ$$
$$=(a^2-b^2-c^2-\boxed{2}bc)(a^2-b^2-c^2+\boxed{2}bc) \quad →ネ, ノ$$

と "因数分解" できる。

$$(a^2-b^2-c^2-2bc)(a^2-b^2-c^2+2bc)$$
$$=\{a^2-(b^2+2bc+c^2)\}\{a^2-(b^2-2bc+c^2)\}$$
$$=\{a^2-(b+c)^2\}\{a^2-(b-c)^2\}$$
$$=(a+b+c)(a-b-c)(a+b-c)(a-b+c)$$

まで "因数分解" できるので, 当てはまるものは $\boxed{④}$ →ハ である。

解説

　易しめの因数分解からやや難しめの因数分解までを扱った問題である。空欄を埋める誘導にうまくのって要領よく解答していこう。途中で行き詰まっても, 下に式が続いている場合には, 下の式を参考にして空欄を埋めることも考えよう。式を見る際,「次数に着目する」「1つの文字について整理する」「式の構造に注目する (複2次式

になっているなど)」というポイントをおさえることも大切である。

　特に，⑹で考えた $x^4 + 4$ の因数分解の発想を理解した上で，そのアイデアを⑺での $x^4 - 3x^2 + 9$ の因数分解に活かすことが途中で要求されていた。このような設問は共通テストの大きな特徴である。普段から数学の学習において，解決への打開策を考えるだけでなく，うまい解決方法をふり返り考える姿勢が重要である。

問題 **1 － 2**

オリジナル問題

　ある日，太郎さんと花子さんのクラスでは，数学の授業で先生から次のような宿題が出された。二人の会話を読んで，下の問いに答えよ。

宿題

　x に関する次の条件 p, q, r を考える。a は0でない実数とする。

$$p : 2x+7 \geqq 0$$
$$q : 3x-13 < 0$$
$$r : ax-3 \leqq 0$$

(i)　p かつ q を満たす整数 x は何個あるか求めよ。

(ii)　p かつ q かつ r を満たす整数 x の個数が，(i)で求めた個数より1個だけ少なくなるような a の条件を求めよ。

太郎：条件 p を満たす実数 x は $x \geqq \dfrac{\boxed{アイ}}{\boxed{ウ}}$ だね。

花子：条件 q を満たす実数 x は $x < \dfrac{\boxed{エオ}}{\boxed{カ}}$ だから，条件 p, q をともに満たす

　　　実数 x は

$$\dfrac{\boxed{アイ}}{\boxed{ウ}} \leqq x < \dfrac{\boxed{エオ}}{\boxed{カ}} \quad \cdots\cdots①$$

　　　となるね。

太郎：よって，①を満たす整数 x の個数を数えて，(i)の答えは $\boxed{キ}$ 個となるよ。次は(ii)だ。

花子：条件 r を満たす実数 x は

　　　　$a>0$ のとき，$\boxed{ク}$

　　　　$a<0$ のとき，$\boxed{ケ}$ $\cdots\cdots②$

　　　となるよ。

$\boxed{\text{ク}}$, $\boxed{\text{ケ}}$ については，最も適当なものを，次の⓪〜⑦のうちから一つずつ選べ。

⓪ $x \leq \dfrac{3}{a}$	① $x < \dfrac{3}{a}$	② $x \geq \dfrac{3}{a}$	③ $x > \dfrac{3}{a}$
④ $x \leq \dfrac{a}{3}$	⑤ $x < \dfrac{a}{3}$	⑥ $x \geq \dfrac{a}{3}$	⑦ $x > \dfrac{a}{3}$

1－2

太郎：条件 r を満たす実数 x の範囲を表現する式の形が，a の符号によって異なるので，$a>0$ と $a<0$ の2つの場合に分けて(ii)を考えよう。

花子：そうしよう。

太郎：$a>0$ の場合，p かつ q かつ r を満たす整数 x が（$\boxed{\text{キ}}$ -1）個となるとき，その整数 x は

$$x = \boxed{\text{コ}}$$

であり，p かつ q かつ r を満たす整数 x が（$\boxed{\text{キ}}$ -1）個となる a の条件は

$$\boxed{\text{サ}} \leq \dfrac{3}{a} < \boxed{\text{シ}} \quad \cdots\cdots ③$$

だね。

花子：$a>0$ のもとで③を満たす a の範囲が，$a>0$ における a の条件となるね。

$\boxed{\text{コ}}$ については，最も適当なものを，次の⓪〜⑦のうちから一つ選べ。

⓪ $-3,\ -2,\ -1,\ 0,\ 1,\ 2,\ 3$	① $-2,\ -1,\ 0,\ 1,\ 2,\ 3,\ 4$
② $-3,\ -2,\ -1,\ 0,\ 1,\ 2,\ 3,\ 4$	③ $-4,\ -3,\ -2,\ -1,\ 0,\ 1,\ 2,\ 3$
④ $-3,\ -2,\ -1,\ 0,\ 1,\ 2$	⑤ $-2,\ -1,\ 0,\ 1,\ 2,\ 3$
⑥ $-3,\ -2,\ -1,\ 0,\ 1,\ 2,\ 3,\ 4,\ 5$	
⑦ $-4,\ -3,\ -2,\ -1,\ 0,\ 1,\ 2,\ 3,\ 4$	

$\dfrac{3}{a} = \boxed{\text{シ}}$ のとき，p かつ q かつ r を満たす整数 x の平均値は $\dfrac{\boxed{\text{ス}}}{\boxed{\text{セ}}}$ である。

太郎：$a<0$ のときは、②に注意して先ほどと同様に考えると、p かつ q かつ r を満たす整数 x が（ キ -1）個となる a の条件は、 ソ となるね。

花子：あとは、$a>0$ のときの a の範囲と $a<0$ のときの a の範囲の タ が (ii) の答えとなるね。

ソ については、最も適当なものを、次の ⓪〜⑦ のうちから一つ選べ。

⓪ $-\dfrac{3}{2}\leqq a<-1$　① $-3\leqq a<-1$　② $-\dfrac{3}{2}<a\leqq -1$　③ $-3<a\leqq -1$

④ $-1\leqq a<-\dfrac{3}{4}$　⑤ $-2\leqq a<-1$　⑥ $-1<a\leqq -\dfrac{3}{4}$　⑦ $-2<a\leqq -1$

タ については、最も適当なものを、次の ⓪、① のうちから一つ選べ。

⓪ 共通部分　　　　　　　　　① 和集合

太郎：では、条件 r が条件 $s：ax-3<0$ に変わったらどうかな？

つまり、p かつ q かつ s を満たす整数 x が（ キ -1）個となる a の条件はどうなるかな？

花子：その場合の a の条件は

$$-\dfrac{3}{2}\ \boxed{チ}\ a\ \boxed{ツ}\ -1\ \ または \ \ \dfrac{3}{4}\ \boxed{テ}\ a\ \boxed{ト}\ 1$$

となるね。

チ 〜 ト については、最も適当なものを、次の ⓪、① のうちから一つずつ選べ。ただし、同じものを繰り返し選んでもよい。

⓪ $\leqq$　　　　　　　　　　　① $<$

問題 1－2

解答記号	$\dfrac{アイ}{ウ}$	$\dfrac{エオ}{カ}$	キ	ク	ケ	コ	サ$\le\dfrac{3}{a}<$シ	$\dfrac{ス}{セ}$	ソ	タ	チ	ツ	テ	ト
正　解	$\dfrac{-7}{2}$	$\dfrac{13}{3}$	8	⓪	②	⓪	$3\le\dfrac{3}{a}<4$	$\dfrac{1}{2}$	⓪	①	①	⓪	⓪	①
チェック														

《連立１次不等式の整数解の個数》 会話設定

条件 $p：2x+7\geqq0$ を満たす実数 x は

$$2x\geqq-7 \quad より \quad x\geqq\boxed{\dfrac{-7}{2}} \quad →アイ，ウ$$

である。

条件 $q：3x-13<0$ を満たす実数 x は

$$3x<13 \quad より \quad x<\boxed{\dfrac{13}{3}} \quad →エオ，カ$$

である。

したがって，p と q をともに満たす実数 x は

$$-\dfrac{7}{2}\leqq x<\dfrac{13}{3} \quad\cdots\cdots①$$

である。①を満たす整数 x は

$$x=-3,\ -2,\ -1,\ 0,\ 1,\ 2,\ 3,\ 4$$

の $\boxed{8}$ →キ 個である。これが(i)の答えである。

条件 $r：ax-3\leqq0$ を満たす実数 x は

$$ax\leqq3 \quad より \quad \begin{cases} a>0\text{ のとき，} x\leqq\dfrac{3}{a} \quad \boxed{⓪} \quad →ク \\ a<0\text{ のとき，} x\geqq\dfrac{3}{a} \quad\cdots\cdots② \quad \boxed{②} \quad →ケ \end{cases}$$

$a>0$ のとき，条件 r を満たす実数 x は $x\leqq\dfrac{3}{a}$ であるから，p かつ q かつ r を満たす整数の個数が p かつ q を満たす整数の個数より１個だけ少なくなるには，p かつ q を満たし r を満たさない整数 x を p かつ q を満たす整数のうち最大である $x=4$ とすればよい。

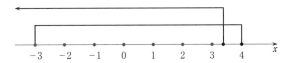

p かつ q かつ r を満たす整数 x が（$\boxed{\text{キ}}-1$）$=8-1=7$ 個となるとき，その整数 x は

$$x=-3, \ -2, \ -1, \ 0, \ 1, \ 2, \ 3 \quad \boxed{0} \quad \to \text{コ}$$

である。

p かつ q かつ r を満たす整数 x が 7 個となる a（>0）の条件は

$$\boxed{3} \leqq \frac{3}{a} < \boxed{4} \quad \cdots\cdots③ \quad \to \text{サ，シ}$$

であり，$a>0$ においてこれを満たす a は

$$\frac{3}{4} < a \leqq 1$$

である。

$\dfrac{3}{a}=4$ のとき，条件 r を満たす実数 x の範囲は $x \leqq 4$ であるから，p かつ q かつ r を満たす整数 x は

$$x=-3, \ -2, \ -1, \ 0, \ 1, \ 2, \ 3, \ 4$$

の 8 個であるから，これらの平均値は

$$\frac{(-3)+(-2)+(-1)+0+1+2+3+4}{8} = \frac{\boxed{1}}{\boxed{2}} \quad \to \text{ス，セ}$$

$a<0$ のとき，条件 r を満たす実数 x は $x \geqq \dfrac{3}{a}$ であるから，p かつ q かつ r を満たす整数の個数が p かつ q を満たす整数の個数より 1 個だけ少なくなるには，p かつ q を満たし r を満たさない整数 x を p かつ q を満たす整数のうち最小である $x=-3$ とすればよい。

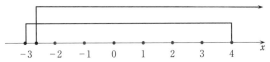

p かつ q かつ r を満たす整数 x が 7 個となる a（<0）の条件は

$$-3 < \frac{3}{a} \leqq -2$$

であり，$a<0$ において，これを満たす a は

$$-\frac{3}{2}\le a<-1 \quad \boxed{⓪} \quad →ソ$$

である。

タに当てはまるものは,「和集合」である。 $\boxed{①}$ →タ

よって,(ⅱ)の答えは

$$-\frac{3}{2}\le a<-1 \quad または \quad \frac{3}{4}<a\le 1$$

となる。

0でない実数 a を条件を満たすものと満たさないものに分類する問題である。条件 r を考える際,便宜的に a の符号で分けて議論していたわけである(「$a>0$ のエリアにおいては〜が条件を満たす a で…が条件を満たさない a,$a<0$ のエリアにおいては〜が条件を満たす a で…が条件を満たさない a」というイメージ)。最終的には,0でない実数のうち,条件を満たすものをすべて求めるわけであるから,$a>0$ で条件を満たすものと $a<0$ で条件を満たすものの和集合が答えとなる。

条件 $s:ax-3<0$ を満たす実数 x は

$$ax<3 \quad より \quad \begin{cases} a>0\text{ のとき, } x<\dfrac{3}{a} \\[2mm] a<0\text{ のとき, } x>\dfrac{3}{a} \end{cases}$$

である。

p かつ q かつ s を満たす整数 x が7個となる a(>0)の条件は

$$3<\frac{3}{a}\le 4 \quad \left(\frac{3}{a}=3\text{ のときは不適で, }\frac{3}{a}=4\text{ のときは適する}\right)$$

であり,$a>0$ において,これを満たす a は

$$\frac{3}{4}\le a<1$$

である。

また,p かつ q かつ s を満たす整数 x が7個となる a(<0)の条件は

$$-3\le \frac{3}{a}<-2 \quad \left(\frac{3}{a}=-3\text{ のときは適するが, }\frac{3}{a}=-2\text{ のときは不適}\right)$$

であり,$a<0$ において,これを満たす a は

$$-\frac{3}{2}<a\le -1$$

である。これらの和集合をとって,求める a の条件は

$$-\frac{3}{2} < a \leqq -1 \quad \text{または} \quad \frac{3}{4} \leqq a < 1$$

より，それぞれ ①，⓪，⓪，① →チ，ツ，テ，ト が適当である。

解 説

　本問は，連立1次不等式の整数解の個数に関する問題である。まず，係数に文字が入る場合，その"文字で割る"際には注意が必要である。その文字の値が0の場合は，その文字で両辺を割る操作が両辺を「0で割る」操作となるため許されない（本問では，はじめからaを0でない実数としている）。

　次に，不等式においては，両辺を正の値で割ることは可能で，割っても不等号の向きは変わらない。負の値で割ることも可能で，割ると不等号の向きが逆転する。このことに注意して，aの値が正の場合と負の場合で分けて議論しなければならない。数直線でそれぞれの条件を満たす整数xを捉え，aの条件を考える際，$\dfrac{3}{a}$がどのあたりにあればよいかをはじめは大雑把に考えてから，デリケートな議論を個別にチェックしよう。つまり，不等号に等号が付いていない，都合のよい場合を考えてから，等号を付けてよいかどうかを確認するのである。そこでの議論の意義がわかれば，最後の問題にも正しく答えることができる。

問題 **1 − 3**

オリジナル問題

〔1〕　実数 x に関する条件 a, b, c について，集合 A, B, C を

$\quad A = \{x \mid x$ は条件 a を満たす$\}$

$\quad B = \{x \mid x$ は条件 b を満たす$\}$

$\quad C = \{x \mid x$ は条件 c を満たす$\}$

で定める。

⑴　「a が b の必要条件である」ことを集合の関係式で表すと

$\quad A \boxed{\ \ ア\ \ } B$

となり，「b が c の十分条件である」ことを集合の関係式で表すと

$\quad B \boxed{\ \ イ\ \ } C$

となる。

$\boxed{\ \ ア\ \ }$，$\boxed{\ \ イ\ \ }$ の解答群（同じものを繰り返し選んでもよい。）

⓪　∩	①　∪	②　∈
③　∋	④　⊂	⑤　⊃

⑵　y, z を実数とするとき，命題「$y + z \neq 5$ ならば （$y \neq 2$ または $z \neq 3$）」は $\boxed{\ \ ウ\ \ }$ である。

$\boxed{\ \ ウ\ \ }$ の解答群

⓪　真	①　偽

〔2〕　実数 x に関する条件 p, q, r を次のように定める。ただし，k は実数とする。

$p : x^2 - 2x - k \geqq 0$

$q : x \leqq -1$ または $3 \leqq x$

$r : 2 \leqq x \leqq 5$

条件 p の否定を $\bar{p}$ で表し，同様に，条件 q, r の否定をそれぞれ $\bar{q}$, $\bar{r}$ で表すものとする。

(1)　$x = 3$ が条件 p を満たすような実数 k の値の範囲は

$$k \leqq \boxed{\text{エ}}$$

である。$k = \boxed{\text{エ}}$ のとき，p を満たす x は $\boxed{\text{オ}}$ ので，このとき，p は q であるための $\boxed{\text{カ}}$。

$\boxed{\text{オ}}$ の解答群

┌───┐
│ ⓪　すべての実数である │
│ ①　存在しない │
│ ②　$-1 \leqq x \leqq 3$ を満たすすべての実数である │
│ ③　$-3 \leqq x \leqq 1$ を満たすすべての実数である │
│ ④　$x \leqq -1$ または $3 \leqq x$ を満たすすべての実数である │
│ ⑤　$x < -1$ または $3 < x$ を満たすすべての実数である │
└───┘

$\boxed{\text{カ}}$ の解答群

┌───┐
│ ⓪　必要条件ではあるが十分条件ではない │
│ ①　十分条件ではあるが必要条件ではない │
│ ②　必要条件でも十分条件でもない │
│ ③　必要十分条件である │
└───┘

(2)　$x=4$ が条件 p を満たすような実数 k の値の範囲は
$$k \leq \boxed{\text{キ}}$$
である。$k=\boxed{\text{キ}}$ のとき，p を満たす x は $\boxed{\text{ク}}$ ので，このとき
$$p \text{ ならば } q \text{ は } \boxed{\text{ケ}}, \quad p \text{ ならば } \boxed{\ast} \text{ は真}, \quad \boxed{\ast\ast} \text{ ならば } q \text{ は真}$$
である。

$\boxed{\text{ク}}$ の解答群

- ⓪　すべての実数である
- ①　存在しない
- ②　$-2 \leq x \leq 4$ を満たすすべての実数である
- ③　$-4 \leq x \leq 2$ を満たすすべての実数である
- ④　$x \leq -2$ または $4 \leq x$ を満たすすべての実数である
- ⑤　$x < -2$ または $4 < x$ を満たすすべての実数である

$\boxed{\text{ケ}}$ の解答群

- ⓪　真
- ①　偽

次の ⓪ ～ ⑦ のうち，$\boxed{\ast}$ に当てはまるものは $\boxed{\text{コ}}$ と $\boxed{\text{サ}}$，$\boxed{\ast\ast}$ に当てはまるものは $\boxed{\text{シ}}$ と $\boxed{\text{ス}}$ である。ただし，$\boxed{\text{コ}}$ と $\boxed{\text{サ}}$，$\boxed{\text{シ}}$ と $\boxed{\text{ス}}$ の解答の順序は問わない。

- ⓪　p かつ $\bar{r}$
- ①　p または $\bar{r}$
- ②　$\bar{p}$ かつ r
- ③　$\bar{p}$ または r
- ④　q かつ $\bar{r}$
- ⑤　q または $\bar{r}$
- ⑥　$\bar{q}$ かつ r
- ⑦　$\bar{q}$ または r

問題 1－3

解答記号	ア	イ	ウ	エ	オ	カ	キ	ク	ケ	コ，サ	シ，ス
正　解	⑤	④	⓪	3	④	③	8	④	⓪	①，⑤ (解答の順序は問わない)	⓪，④ (解答の順序は問わない)
チェック											

〔1〕 《集合の包含関係，対偶》

(1) b ならば a が真のとき，a は b であるための必要条件という。b ならば a が真であるとは，「b を満たすものはもれなく a を満たす」ということである。「b を満たし，かつ a を満たさないものがない」といってもよい。

このとき，集合 A，B の包含関係を考えると，「b を満たすものはもれなく a を満たす」ことから，「b を満たすものの集合 B は a を満たすものの集合 A に含まれる」といえる。つまり，$A \supset B$ が成り立つ。　⑤　→ア

いわば，必要条件とは他方の条件より "ゆるい" 条件であり，条件が "ゆるい" がゆえ，その集合は他方の集合より "広い" わけである。

また，　b ならば c が真のとき，b は c であるための十分条件という。

このとき，集合 B，C の包含関係を考えると，「b を満たすものはもれなく c を満たす」ことから，「b を満たすものの集合 B は，c を満たすものの集合 C に含まれる」といえる。つまり，$B \subset C$ が成り立つ。　④　→イ

いわば，十分条件とは他方の条件より "きつい" 条件であり，条件が "きつい" がゆえ，その集合は他方の集合より "狭い" わけである。

(2)　一般に，命題「p ならば q」に対して，「$\bar{q}$ ならば $\bar{p}$」を元の命題の「対偶」という。対偶は元の命題と真偽が一致するため，ある命題の真偽が考えにくいとき，その命題の対偶を考えてもよい。

本問は，実数 y，z に対して，仮定 $y+z \neq 5$ を満たすものがたくさんあり，結論には，「否定」と「または」が入っているため，結論を満たすものもたくさんある。そのため，直接，命題の真偽を判断するのが困難である。そこで，元の命題の対偶「$(y=2$ かつ $z=3)$ ならば $y+z=5$」を考えて，判断すればよい。

もちろん $2+3=5$ であるから，真であると判断できる。　⓪　→ウ

〔2〕 《必要条件と十分条件》

(1) $x=3$ が p を満たす条件は

$$3^2 - 2 \cdot 3 - k \geqq 0$$

が成り立つことであり，これを満たす実数 k の値の範囲は

$$k \leqq \boxed{3} \quad \to \text{エ}$$

である。

$k=3$ のとき，条件 p は $x^2-2x-3 \geqq 0$ つまり $(x-3)(x+1) \geqq 0$ となり，これを満たす実数 x は

$$x \leqq -1 \text{ または } 3 \leqq x \quad \boxed{④} \quad \to \text{オ}$$

である。

このとき，$p \Longleftrightarrow q$ が成り立つので，p は q であるための**必要十分条件である**といえる。 $\boxed{③}$ $\to$ **カ**

(2) $x=4$ が p を満たす条件は

$$4^2 - 2 \cdot 4 - k \geqq 0$$

が成り立つことであり，これを満たす実数 k の値の範囲は

$$k \leqq \boxed{8} \quad \to \text{キ}$$

である。

$k=8$ のとき，条件 p は $x^2-2x-8 \geqq 0$ つまり $(x-4)(x+2) \geqq 0$ となり，これを満たす実数 x は

$$x \leqq -2 \text{ または } 4 \leqq x \quad \boxed{④} \quad \to \text{ク}$$

である。

このとき，条件 $p : x \leqq -2$ または $4 \leqq x$，条件 $q : x \leqq -1$ または $3 \leqq x$ であるから，条件 p を満たす任意の x が条件 q を満たす。

よって，$p \Longrightarrow q$ は真 $\boxed{⓪}$ $\to$ **ケ** である。

このとき，$\bar{r}$ を満たす x は $x<2$ または $5<x$ である。

$p \Longrightarrow (p$ または $\bar{r})$ はもちろん真である。

同様に，$q \Longrightarrow (q$ または $\bar{r})$ はもちろん真であり，$p \Longrightarrow q$ が真であることとあわせて，$p \Longrightarrow (q$ または $\bar{r})$ は真である。＊に当てはまるものは $\boxed{①}$，$\boxed{⑤}$ $\to$ **コ，サ** である。

$(q$ かつ $\bar{r}) \Longrightarrow q$ はもちろん真である。

同様に，$(p$ かつ $\bar{r}) \Longrightarrow p$ はもちろん真であり，$p \Longrightarrow q$ が真であることとあわせ

て，$(p$ かつ $\bar{r}) \Longrightarrow q$ は真である。＊＊に当てはまるものは $\boxed{⓪}$，$\boxed{④}$ →シ，ス である。

(注)　選択肢⓪～⑦の条件を x についての不等式で表すと

⓪　p かつ $\bar{r} \Longleftrightarrow x \leqq -2$ または $5 < x$

①　p または $\bar{r} \Longleftrightarrow x < 2$ または $4 \leqq x$

②　$\bar{p}$ かつ $r \Longleftrightarrow 2 \leqq x < 4$

③　$\bar{p}$ または $r \Longleftrightarrow -2 < x \leqq 5$

④　q かつ $\bar{r} \Longleftrightarrow x \leqq -1$ または $5 < x$

⑤　q または $\bar{r} \Longleftrightarrow x < 2$ または $3 \leqq x$

⑥　$\bar{q}$ かつ $r \Longleftrightarrow 2 \leqq x < 3$

⑦　$\bar{q}$ または $r \Longleftrightarrow -1 < x \leqq 5$

である。これらの不等式をみて，p ならば＊は真，＊＊ならば q は真となるような＊，＊＊に当てはまる選択肢を選ぶことはできる。

しかし，具体的な条件で確認しなくても，一般的な論理の構造に注目することで，適する選択肢を選ぶことができる。

x についての任意の条件★に対して

　　　　$p \Longrightarrow (p$ または★$)$，　$q \Longrightarrow (q$ または★$)$

　　　　$(p$ かつ★$) \Longrightarrow p$，　$(q$ かつ★$) \Longrightarrow q$

であることが一般的にいえる。このことをふまえると，＊では

　　　　p ならば $(p$ または★$)$ が真

　　　　q ならば $(q$ または★$)$ が真

がいえ，上の2つと $p \Longrightarrow q$ が真であることをあわせると

　　　　p ならば $(q$ または★$)$ が真

もいえる。このことから＊の答えとして，① p または $\bar{r}$，⑤ q または $\bar{r}$ の2つがすぐ見つかる。要するに，＊には p より "ゆるい" 条件をもってくればよい。

＊＊でも同様に

　　　　$(p$ かつ★$)$ ならば p が真

　　　　$(q$ かつ★$)$ ならば q が真

がいえ，上の2つと $p \Longrightarrow q$ が真であることをあわせると

　　　　$(p$ かつ★$)$ ならば q が真

もいえる。このことから＊＊の答えとして，⓪ p かつ $\bar{r}$，④ q かつ $\bar{r}$ の2つがすぐ見つかる。要するに，＊＊には q より "きつい" 条件をもってくればよい。

参考　条件 $p : x^2 - 2x - k \geqq 0$ は $x^2 - 2x \geqq k$ と書き換えられる。これを xy 平面上の放物線 $y = x^2 - 2x = (x-1)^2 - 1$ と直線 $y = k$ との上下関係として捉えることができる。

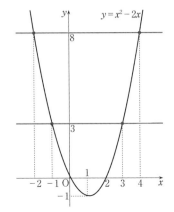

このグラフより，x の 2 次不等式 $x^2-2x\geqq3$ を解くと，$x\leqq-1$，$3\leqq x$ となることが一目瞭然である。

同様に，グラフから x の 2 次不等式 $x^2-2x\geqq8$ を解くと，$x\leqq-2$，$4\leqq x$ となることも一目瞭然である。

なお，2 次関数のグラフについては，問題 3 － 3 でも解説している。

解説

　本問は，集合と論理の基本について確認する問題である。高校の教科書では，集合 A が集合 B の部分集合であることを，「$A\subset B$」と表す。「A の要素はすべて B の要素である」つまり，「$x\in A$ ならば $x\in B$ が真である」がその定義である。この定義に従うと，A，B が同じ集合である場合にも $A\subset B$ が成り立つことになる。

　数学の世界では，$\subset$ という記号を“同じではない”（真に包含関係のある）部分集合として用いる流儀がある。つまり，$A\subset B$ を「$A\neq B$ かつ A のすべての要素が B の要素である」の意味で使う流儀もある。このとき，B の要素のうち，A の要素でないものが存在することを強調して，$A\subsetneqq B$ と表すこともある。このように $A\subset B$ であるが，$A=B$ でないとき，A を B の真部分集合という。これと区別して，同じ集合も認める部分集合を記号「$\subseteqq$」や「$\subseteq$」で表現することもある。つまり，$A\subseteqq B$ や $A\subseteq B$ は高校の学習で用いる $A\subset B$ と同じ意味であるから，教科書には，集合 A，集合 B について，$A=B$ であることは，「$A\subset B$ かつ $A\supset B$」が成り立つことであると説明されている。

　集合と論理では，条件を考える際に，その条件を満たすもの全体の集合をセットで考えることが重要である。この集合を条件に対する真理集合という。条件自体は抽象的であっても真理集合には具体性が帯びてくるので，捉えやすくなるのである。次の対応関係を心得ておこう。

条件	条件名	真理集合
"ゆるい"	必要条件	"広い"
"きつい"	十分条件	"狭い"

これを図示すると，次のようになる。

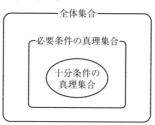

　数学的な議論を進めていく上で，これらの条件の使い方は非常に大切である。特に，難しい条件を考える際には，その条件を"少し"緩めた必要条件を満たすものを考えて候補を絞り，必要条件を満たさないものを候補から外すことができる。必要条件を満たすものについて，十分性を兼ね備えているかを確認することで，必要十分条件を求めることができるわけである。ここで，"少し"緩めるというさじ加減が難しいわけであるが，いろいろな分野で数学的対象に応じた条件の緩め具合（候補の絞り方）を学習して，さじ加減に関する感覚を磨いてもらいたい。

第 2 章

図形と計量

第2章　図形と計量

『数学I・数学A』では，20点分が出題されており，2022年度のように，内容の異なる中間〔2〕〔3〕に分かれて出題されることもあります。新課程の『数学I，数学A』の試作問題でも，第1問〔2〕で20点分が出題され，2021年度の第1日程の第1問〔2〕と共通問題でした。

三角比を扱う単元で，新課程でも内容的に変更はありません。**正弦定理と余弦定理，三角形の面積**などが問われていますが，**三角比を実生活で活用**するような，共通テストならではの設定が見られます。その際，三角比の表を活用することも多いです。また，式の**考察**や定理の**証明**など，思考力を問う出題にも注意が必要です。

■ 共通テストでの出題項目

試　験	大　問	出題項目	配　点
新課程 試作問題	第1問〔2〕 （演習問題2−1）	三角形の面積，辺と角の大小関係，外接円　 考察・証明	20点
2023 本試験	第1問〔2〕	正弦定理・余弦定理，三角形の面積，三角錐の体積	20点
2023 追試験	第1問〔2〕	正弦定理・余弦定理，三角形の面積が最大となる条件	20点
2022 本試験	第1問〔2〕 第1問〔3〕	正接の値　 会話設定 　 実用設定 正弦定理，外接円，2次関数の最大値	6点 14点
2022 追試験	第1問〔2〕 第1問〔3〕	三角比の図形への応用　 実用設定 条件のもとで作る三角形の形状 考察・証明	6点 14点
2021 本試験 （第1日程）	第1問〔2〕	三角形の面積，辺と角の大小関係，外接円　 考察・証明	20点
2021 本試験 （第2日程）	第1問〔2〕 （演習問題2−2）	外接円の半径が最小となる三角形 ICT活用 　 考察・証明	20点

学習指導要領における内容

ア．次のような知識及び技能を身に付けること。

（ア）　鋭角の三角比の意味と相互関係について理解すること。

（イ）　三角比を鈍角まで拡張する意義を理解し，鋭角の三角比の値を用いて鈍角の三角比の値を求める方法を理解すること。

（ウ）　正弦定理や余弦定理について三角形の決定条件や三平方の定理と関連付けて理解し，三角形の辺の長さや角の大きさなどを求めること。

イ．次のような思考力，判断力，表現力等を身に付けること。

（ア）　図形の構成要素間の関係を三角比を用いて表現するとともに，定理や公式として導くこと。

（イ）　図形の構成要素間の関係に着目し，日常の事象や社会の事象などを数学的に捉え，問題を解決したり，解決の過程を振り返って事象の数学的な特徴や他の事象との関係を考察したりすること。

問題 2 — 1　　　　　　　　　　演習問題

試作問題　第1問〔2〕

　右の図のように，△ABCの外側に辺AB，BC，CAをそれぞれ1辺とする正方形ADEB，BFGC，CHIAをかき，2点EとF，GとH，IとDをそれぞれ線分で結んだ図形を考える。以下において

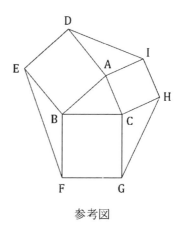

BC = a, CA = b, AB = c

∠CAB = A, ∠ABC = B, ∠BCA = C

参考図

とする。

(1)　$b = 6$，$c = 5$，$\cos A = \dfrac{3}{5}$ のとき，$\sin A = \dfrac{\boxed{ア}}{\boxed{イ}}$ であり，

　　　△ABCの面積は $\boxed{ウエ}$，△AIDの面積は $\boxed{オカ}$ である。

(2)　正方形 BFGC，CHIA，ADEB の面積をそれぞれ S_1，S_2，S_3とする。このとき，$S_1 - S_2 - S_3$は

　　　・$0° < A < 90°$ のとき，　$\boxed{キ}$。

　　　・$A = 90°$ のとき，　$\boxed{ク}$。

　　　・$90° < A < 180°$ のとき，　$\boxed{ケ}$。

$\boxed{\text{キ}}$ ～ $\boxed{\text{ケ}}$ の解答群（同じものを繰り返し選んでもよい。）

- ⓪　0 である
- ①　正の値である
- ②　負の値である
- ③　正の値も負の値もとる

(3)　△AID，△BEF，△CGH の面積をそれぞれ T_1，T_2，T_3 とする。このとき，$\boxed{\text{コ}}$ である。

$\boxed{\text{コ}}$ の解答群

- ⓪　$a < b < c$ ならば，$T_1 > T_2 > T_3$
- ①　$a < b < c$ ならば，$T_1 < T_2 < T_3$
- ②　A が鈍角ならば，$T_1 < T_2$ かつ $T_1 < T_3$
- ③　a，b，c の値に関係なく，$T_1 = T_2 = T_3$

(4)　△ABC，△AID，△BEF，△CGH のうち，外接円の半径が最も小さいものを求める。

0° < A < 90° のとき，ID $\boxed{\text{サ}}$ BC であり

（△AID の外接円の半径） $\boxed{\text{シ}}$ （△ABC の外接円の半径）

であるから，外接円の半径が最も小さい三角形は

- ・0° < A < B < C < 90° のとき，$\boxed{\text{ス}}$ である。
- ・0° < A < B < 90° < C のとき，$\boxed{\text{セ}}$ である。

サ ， シ の解答群（同じものを繰り返し選んでもよい。）

⓪ <	① =	② >

ス ， セ の解答群（同じものを繰り返し選んでもよい。）

⓪ △ABC	① △AID	② △BEF	③ △CGH

問題 **2 － 1**

解答記号	$\dfrac{ア}{イ}$	ウエ	オカ	キ	ク	ケ	コ	サ	シ	ス	セ
正　解	$\dfrac{4}{5}$	12	12	②	⓪	①	③	②	②	⓪	③
チェック											

《三角形の面積，辺と角の大小関係，外接円》

考察・証明

(1)　$0° < A < 180°$ より，$\sin A > 0$ なので，$\sin^2 A + \cos^2 A = 1$ を用いて

$$\sin A = \sqrt{1 - \cos^2 A} = \sqrt{1 - \left(\frac{3}{5}\right)^2} = \boxed{\frac{4}{5}} \quad →ア，イ$$

であり，$\triangle \text{ABC}$ の面積は

$$\frac{1}{2} \cdot \text{CA} \cdot \text{AB} \cdot \sin A = \frac{1}{2}bc \sin A = \frac{1}{2} \cdot 6 \cdot 5 \cdot \frac{4}{5} = \boxed{12} \quad →ウエ$$

四角形 CHIA，ADEB は正方形より

$$\text{AI} = \text{CA} = b, \quad \text{DA} = \text{AB} = c$$

であり

$$\begin{aligned}\angle\text{DAI} &= 360° - \angle\text{IAC} - \angle\text{BAD} - \angle\text{CAB} \\ &= 360° - 90° - 90° - A \\ &= 180° - A\end{aligned}$$

なので

$$\sin\angle\text{DAI} = \sin(180° - A) = \sin A$$

よって，$\triangle \text{AID}$ の面積は

$$\frac{1}{2} \cdot \text{AI} \cdot \text{DA} \cdot \sin\angle\text{DAI} = \frac{1}{2}bc \sin A = \boxed{12} \quad →オカ$$

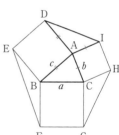

(2)　正方形 BFGC，CHIA，ADEB の面積をそれぞれ S_1，S_2，S_3 とすると

$$S_1 = \text{BC}^2 = a^2, \quad S_2 = \text{CA}^2 = b^2, \quad S_3 = \text{AB}^2 = c^2$$

このとき

$$S_1 - S_2 - S_3 = a^2 - b^2 - c^2 = a^2 - (b^2 + c^2)$$

となる。

・$0° < A < 90°$ のとき

$$a^2 < b^2 + c^2$$

なので, $S_1 - S_2 - S_3 = a^2 - (b^2 + c^2)$ は**負**の値である。 ②　→キ

- $A = 90°$ のとき
    $$a^2 = b^2 + c^2$$
なので, $S_1 - S_2 - S_3 = a^2 - (b^2 + c^2)$ は**0**である。 ⓪　→ク

- $90° < A < 180°$ のとき
    $$a^2 > b^2 + c^2$$
なので, $S_1 - S_2 - S_3 = a^2 - (b^2 + c^2)$ は**正**の値である。 ①　→ケ

(3)　$\triangle\mathrm{ABC}$ の面積を T とすると
$$T = \frac{1}{2}bc\sin A = \frac{1}{2}ca\sin B = \frac{1}{2}ab\sin C$$

$\triangle\mathrm{AID}$ の面積 T_1 は, (1)より
$$T_1 = \frac{1}{2}bc\sin A = T$$

(1)と同様にして考えると, 四角形 ADEB, BFGC, CHIA が正方形より
$$\mathrm{BE} = \mathrm{AB} = c, \quad \mathrm{FB} = \mathrm{BC} = a$$
$$\mathrm{CG} = \mathrm{BC} = a, \quad \mathrm{HC} = \mathrm{CA} = b$$

であり
$$\begin{aligned}
\angle\mathrm{FBE} &= 360° - \angle\mathrm{EBA} - \angle\mathrm{CBF} - \angle\mathrm{ABC}\\
&= 360° - 90° - 90° - B\\
&= 180° - B
\end{aligned}$$
$$\begin{aligned}
\angle\mathrm{HCG} &= 360° - \angle\mathrm{GCB} - \angle\mathrm{ACH} - \angle\mathrm{BCA}\\
&= 360° - 90° - 90° - C\\
&= 180° - C
\end{aligned}$$

なので
$$\sin\angle\mathrm{FBE} = \sin(180° - B) = \sin B$$
$$\sin\angle\mathrm{HCG} = \sin(180° - C) = \sin C$$

よって, $\triangle\mathrm{BEF}$, $\triangle\mathrm{CGH}$ の面積 T_2, T_3 は
$$T_2 = \frac{1}{2}\cdot\mathrm{BE}\cdot\mathrm{FB}\cdot\sin\angle\mathrm{FBE} = \frac{1}{2}ca\sin B = T$$
$$T_3 = \frac{1}{2}\cdot\mathrm{CG}\cdot\mathrm{HC}\cdot\sin\angle\mathrm{HCG} = \frac{1}{2}ab\sin C = T$$

なので
$$T = T_1 = T_2 = T_3$$

したがって, a, b, c の値に関係なく, $T_1 = T_2 = T_3$　③　→コ　である。

(4) △ABC, △AID, △BEF, △CGH の外接円の半径をそれぞれ, R, R_1, R_2, R_3 とする。

$0° < A < 90°$ のとき, $\angle DAI = 180° - A$ より

$$\angle DAI > 90° \qquad \therefore \quad \angle DAI > A$$

△AID と △ABC は

$$AI = CA, \quad DA = AB$$

なので, $\angle DAI > A$ より

$$ID > BC \quad \cdots\cdots① \qquad \boxed{②} \quad →サ$$

である。

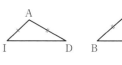

△AID に正弦定理を用いると

$$2R_1 = \frac{ID}{\sin\angle DAI} = \frac{ID}{\sin A} \qquad \therefore \quad R_1 = \frac{ID}{2\sin A}$$

△ABC に正弦定理を用いると

$$2R = \frac{BC}{\sin A} \qquad \therefore \quad R = \frac{BC}{2\sin A}$$

①の両辺を $2\sin A \ (>0)$ で割って

$$\frac{ID}{2\sin A} > \frac{BC}{2\sin A} \qquad \therefore \quad R_1 > R \quad \cdots\cdots②$$

したがって

$$(\triangle\mathrm{AID}\text{ の外接円の半径}) > (\triangle\mathrm{ABC}\text{ の外接円の半径}) \qquad \boxed{②} \quad →シ$$

であるから, 上の議論と同様にして考えれば

• $0° < A < B < C < 90°$ のとき

$0° < B < 90°$ なので, $\angle FBE = 180° - B$ より

$$\angle FBE > 90° \qquad \therefore \quad \angle FBE > B$$

△BEF と △ABC は

$$BE = AB, \quad FB = BC$$

なので, $\angle FBE > B$ より

$$EF > CA \quad \cdots\cdots③$$

である。

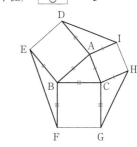

△BEF に正弦定理を用いると

$$2R_2 = \frac{EF}{\sin\angle FBE} = \frac{EF}{\sin B}$$

$$\therefore \quad R_2 = \frac{EF}{2\sin B}$$

△ABC に正弦定理を用いると

$$2R = \frac{CA}{\sin B} \qquad \therefore \quad R = \frac{CA}{2\sin B}$$

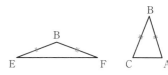

$0°<B<180°$ より，$\sin B>0$ なので，③の両辺を $2\sin B\,(>0)$ で割って

$$\frac{\text{EF}}{2\sin B}>\frac{\text{CA}}{2\sin B} \qquad \therefore \quad R_2>R \quad \cdots\cdots④$$

$0°<C<90°$ なので，$\angle\text{HCG}=180°-C$ より

$$\angle\text{HCG}>90° \qquad \therefore \quad \angle\text{HCG}>C$$

$\triangle\text{CGH}$ と $\triangle\text{ABC}$ は

$$\text{CG}=\text{BC}, \quad \text{HC}=\text{CA}$$

なので，$\angle\text{HCG}>C$ より

$$\text{GH}>\text{AB} \quad \cdots\cdots⑤$$

である。

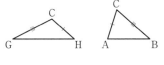

$\triangle\text{CGH}$ に正弦定理を用いると

$$2R_3=\frac{\text{GH}}{\sin\angle\text{HCG}}=\frac{\text{GH}}{\sin C} \qquad \therefore \quad R_3=\frac{\text{GH}}{2\sin C}$$

$\triangle\text{ABC}$ に正弦定理を用いると

$$2R=\frac{\text{AB}}{\sin C} \qquad \therefore \quad R=\frac{\text{AB}}{2\sin C}$$

$0°<C<180°$ より，$\sin C>0$ なので，⑤の両辺を $2\sin C\,(>0)$ で割って

$$\frac{\text{GH}}{2\sin C}>\frac{\text{AB}}{2\sin C} \qquad \therefore \quad R_3>R \quad \cdots\cdots⑥$$

よって，②，④，⑥より，$\triangle\text{ABC}$，$\triangle\text{AID}$，$\triangle\text{BEF}$，$\triangle\text{CGH}$ のうち，外接円の半径が最も小さい三角形は $\triangle\text{ABC}$ 　⓪　 →ス である。

・$0°<A<B<90°<C$ のとき

$90°<C$ なので，$\angle\text{HCG}=180°-C$ より

$$0°<\angle\text{HCG}<90° \qquad \therefore \quad \angle\text{HCG}<C$$

$\triangle\text{CGH}$ と $\triangle\text{ABC}$ は

$$\text{CG}=\text{BC}, \quad \text{HC}=\text{CA}$$

なので，$\angle\text{HCG}<C$ より

$$\text{GH}<\text{AB} \quad \cdots\cdots⑦$$

である。

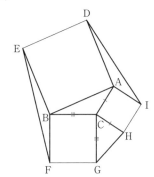

⑦の両辺を $2\sin C\,(>0)$ で割って

$$\frac{\text{GH}}{2\sin C}<\frac{\text{AB}}{2\sin C} \qquad \therefore \quad R_3<R \quad \cdots\cdots⑧$$

よって，②，④，⑧より，$\triangle\text{ABC}$，$\triangle\text{AID}$，$\triangle\text{BEF}$，$\triangle\text{CGH}$ のうち，外接円の半径が最も小さい三角形は $\triangle\text{CGH}$ 　③　 →セ である。

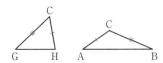

解　説

　三角形の外側に，三角形の各辺を 1 辺とする 3 つの正方形と，正方形の間にできる 3 つの三角形を考え，それらの面積の大小関係や，外接円の半径の大小関係について考えさせる問題である。単純に式変形や計算をするだけでなく，辺と角の大小関係と融合させながら考えていく必要があり，思考力の問われる問題である。

(1)　$\triangle$AID の面積が求められるかどうかは，$\angle$DAI $= 180^\circ - A$ となることに気付けるかどうかにかかっている。これがわかれば，$\sin(180^\circ - \theta) = \sin\theta$ を利用することで，$(\triangle$AID の面積$) = (\triangle$ABC の面積$) = 12$ であることが求まる。

(2)　$S_1 - S_2 - S_3 = a^2 - (b^2 + c^2)$ であることはすぐにわかるので，問題文の $0^\circ < A < 90^\circ$，$A = 90^\circ$，$90^\circ < A < 180^\circ$ から，以下の〔ポイント〕を利用することに気付きたい。

> **ポイント**　三角形の形状
> $\triangle$ABC において
> $$A < 90^\circ \Longleftrightarrow \cos A > 0 \Longleftrightarrow a^2 < b^2 + c^2$$
> $$A = 90^\circ \Longleftrightarrow \cos A = 0 \Longleftrightarrow a^2 = b^2 + c^2$$
> $$A > 90^\circ \Longleftrightarrow \cos A < 0 \Longleftrightarrow a^2 > b^2 + c^2$$

　上の〔ポイント〕は暗記してしまってもよいが，余弦定理を用いることで $\cos A = \dfrac{b^2 + c^2 - a^2}{2bc}$ となることを考えれば，その場で簡単に導き出すことができる。

(3)　$\triangle$ABC の面積を T とすると，(1)の結果より $T_1 = T$ が成り立つので，(1)と同様にすることで，$T_2 = T$，$T_3 = T$ が示せることも予想がつくだろう。

(4)　(1)において $\angle$DAI $= 180^\circ - A$ であることがわかっているので，$0^\circ < A < 90^\circ$ のとき $\angle$DAI $> 90^\circ$ であり，$\angle$DAI $> A$ であることがわかる。
　$\triangle$AID と $\triangle$ABC は AI $=$ CA，DA $=$ AB なので，$\angle$DAI $> A$ より，ID $>$ BC　……① であるといえる。AI $=$ CA，DA $=$ AB が成り立たない場合には，$\angle$DAI $> A$ であっても，ID $>$ BC とはいえない。
　$\triangle$AID，$\triangle$ABC にそれぞれ正弦定理を用いると，$\sin\angle$DAI $= \sin A$ より，$R_1 = \dfrac{\text{ID}}{2\sin A}$，$R = \dfrac{\text{BC}}{2\sin A}$ が求まるので，①を利用することで，$R_1 > R$　……② が求まる。
　$0^\circ < A < B < C < 90^\circ$ のとき，$0^\circ < B < 90^\circ$，$0^\circ < C < 90^\circ$ なので，$R_1 > R$　……② を求めたときの議論と同様にすることで，$R_2 > R$　……④，$R_3 > R$　……⑥ が求まる。
　②，④，⑥より，$R_1 > R$，$R_2 > R$，$R_3 > R$ となるから，外接円の半径が最も小さい三角形は $\triangle$ABC であることがわかる。結果的に，与えられた条件 $A < B < C$ は

利用することのない条件となっている。

$0°<A<B<90°<C$ のとき，$0°<A<90°$，$0°<B<90°$ なので，$R_1>R$ ……②，$R_2>R$ ……④が成り立つ。この場合は $90°<C$ であるが，$0°<C<90°$ のときと同じように考えていくことにより，$R_3<R$ ……⑧が導き出せる。②，④，⑧より，$R_1>R$，$R_2>R$，$R>R_3$ となるから，外接円の半径が最も小さい三角形は △CGH であることがわかる。ここでも，与えられた条件 $A<B$ は利用することのない条件である。

問題 **2 − 2**

2021 年度第 2 日程　第 1 問〔2〕

　　平面上に 2 点 A，B があり，AB = 8 である。直線 AB 上にない点 P をと
り，△ABP をつくり，その外接円の半径を R とする。

　　太郎さんは，図 1 のように，コンピュータソフトを使って点 P をいろい
ろな位置にとった。

　　図 1 は，点 P をいろいろな位置にとったときの △ABP の外接円をかいた
ものである。

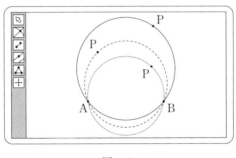

図　1

(1)　太郎さんは，点 P のとり方によって外接円の半径が異なることに気づ
き，次の**問題 1** を考えることにした。

　　問題 1　　点 P をいろいろな位置にとるとき，外接円の半径 R が最小と
　　なる △ABP はどのような三角形か。

　　正弦定理により，$2R = \dfrac{\boxed{\text{ア}}}{\sin \angle \mathrm{APB}}$ である。よって，R が最小となる

のは ∠APB = イウ °の三角形である。このとき，$R =$ エ であ
る。

(2)　太郎さんは，図2のように，**問題1**の点Pのとり方に条件を付けて，
次の**問題2**を考えた。

問題2　　直線ABに平行な直線を ℓ とし，直線 ℓ 上で点Pをいろいろな
位置にとる。このとき，外接円の半径 R が最小となる △ABP は
どのような三角形か。

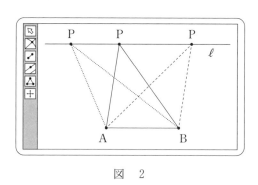

図　2

太郎さんは，この問題を解決するために，次の構想を立てた。

問題2の解決の構想

　問題1の考察から，線分ABを直径とする円をCとし，円Cに着目す
る。直線 ℓ は，その位置によって，円Cと共有点をもつ場合ともたない場
合があるので，それぞれの場合に分けて考える。

　　直線ABと直線 ℓ との距離を h とする。直線 ℓ が円Cと共有点を

もつ場合は，$h \leqq \boxed{\text{オ}}$ のときであり，共有点をもたない場合は，$h > \boxed{\text{オ}}$ のときである。

(i) $h \leqq \boxed{\text{オ}}$ のとき

直線 ℓ が円 C と共有点をもつので，R が最小となる△ABP は，$h < \boxed{\text{オ}}$ のとき $\boxed{\boxed{\text{カ}}}$ であり，$h = \boxed{\text{オ}}$ のとき直角二等辺三角形である。

(ii) $h > \boxed{\text{オ}}$ のとき

線分 AB の垂直二等分線を m とし，直線 m と直線 ℓ との交点を P_1 とする。直線 ℓ 上にあり点 P_1 とは異なる点を P_2 とするとき $\sin \angle AP_1B$ と $\sin \angle AP_2B$ の大小を考える。

△ABP_2 の外接円と直線 m との共有点のうち，直線 AB に関して点 P_2 と同じ側にある点を P_3 とすると，$\angle AP_3B \boxed{\boxed{\text{キ}}} \angle AP_2B$ である。また，$\angle AP_3B < \angle AP_1B < 90°$ より $\sin \angle AP_3B \boxed{\boxed{\text{ク}}} \sin \angle AP_1B$ である。このとき

（△ABP_1 の外接円の半径） $\boxed{\boxed{\text{ケ}}}$ （△ABP_2 の外接円の半径）

であり，R が最小となる△ABP は $\boxed{\boxed{\text{コ}}}$ である。

$\boxed{\text{カ}}$，$\boxed{\text{コ}}$ については，最も適当なものを，次の ⓪ ~ ④ のうちから一つずつ選べ。ただし，同じものを繰り返し選んでもよい。

⓪ 鈍角三角形	① 直角三角形	② 正三角形
③ 二等辺三角形	④ 直角二等辺三角形	

$\boxed{\text{キ}}$ ~ $\boxed{\text{ケ}}$ の解答群(同じものを繰り返し選んでもよい。)

⓪ $<$	① $=$	② $>$

(3) **問題2**の考察を振り返って,$h = 8$ のとき,$\triangle$ABP の外接円の半径 R が最小である場合について考える。このとき,$\sin \angle \text{APB} = \dfrac{\boxed{\text{サ}}}{\boxed{\text{シ}}}$ であり,$R = \boxed{\text{ス}}$ である。

問題 2 - 2

解答記号	ア	イウ	エ	オ	カ	キ	ク	ケ	コ	$\dfrac{サ}{シ}$	ス
正　解	8	90	4	4	①	①	⓪	⓪	③	$\dfrac{4}{5}$	5
チェック											

《外接円の半径が最小となる三角形》

ICT 活用　　考察・証明

(1)　△ABP に正弦定理を適用すると

$$\frac{AB}{\sin\angle APB}=2R \quad \text{すなわち} \quad 2R=\frac{\boxed{8}}{\sin\angle APB} \quad \text{→ア}$$

を得る。

よって，R が最小となるのは $\sin\angle APB$ が最大になるとき，つまり

$$\angle APB=\boxed{90}° \quad \text{→イウ}$$

のときである。

このとき

$$R=\frac{8}{2\sin 90°}=\boxed{4} \quad \text{→エ}$$

である。

(2)　円Cの半径が $\dfrac{8}{2}=4$ であるから

直線 ℓ が円Cと共有点をもつ $\Longleftrightarrow h\leqq\boxed{4}$ 　→オ

直線 ℓ が円Cと共有点をもたない $\Longleftrightarrow h>4$

である。

R が最小となるのは $\sin\angle APB$ が最大になるときであり，点 P を直線 ℓ 上にとるという制約のもとで考えることになる。

(i)　$h\leqq 4$ のとき，直線 ℓ が円Cと共有点をもち，$h<4$ のとき，直線 ℓ と円Cの2交点がPと一致するときに $\angle APB$ は90°となり，直線 ℓ と円Cの2交点以外の位置にPがあるとき，$\angle APB$ は90°ではない。具体的には，直線 ℓ 上の点のうち円の内部にある点とPが一致するとき $\angle APB$ は鈍角になり，直線 ℓ 上の点のうち円の外部にある点とPが一致するとき $\angle APB$ は鋭角になる。

したがって，R が最小となる△ABP は**直角三角形** $\boxed{①}$ 　→カ である。

また，$h=4$ のとき，直線 ℓ と円 C は接する。直線 ℓ と円 C の接点が P と一致する
ときに $\angle APB$ は $90°$ となり，直線 ℓ 上の点のうち円の外部にある点と P が一致す
るとき $\angle APB$ は鋭角になる。

したがって，R が最小となる $\triangle ABP$ は直角二等辺三角形である。

$h<4$ のとき

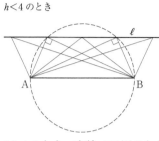

$h=4$ のとき

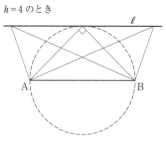

(ⅱ) $h>4$ のとき，直線 ℓ は円 C と共有点をも
たない。

円周角の定理より

$$\angle AP_3B=\angle AP_2B \quad \boxed{①} \quad \rightarrow キ$$

である。

また，$\angle AP_3B<\angle AP_1B<90°$ より

$$\sin\angle AP_3B<\sin\angle AP_1B \quad \boxed{⓪} \quad \rightarrow ク$$

である。

このとき

（$\triangle ABP_1$ の外接円の半径）<

（$\triangle ABP_2$ の外接円の半径）

$$\boxed{⓪} \quad \rightarrow ケ$$

であり，R が最小となるのは，P が P_1 のとき
であり，そのとき，$\triangle ABP$ は二等辺三角形 $\boxed{③}$ $\rightarrow コ$ である。

$h>4$ のとき

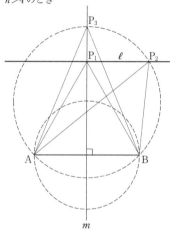

(3) $h=8$ のとき，$\triangle ABP$ の外接円の半径 R が最小であるのは，P が P_1 と一致する
ときである。

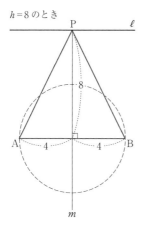
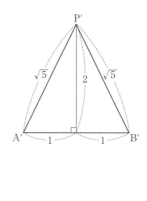

このとき，二等辺三角形 ABP と相似である二等辺三角形 A′B′P′ を考えると，△A′P′B′ の面積に着目することで

$$\frac{1}{2}\cdot(\sqrt{5})\cdot(\sqrt{5})\cdot\sin\angle\mathrm{A'P'B'}=\frac{1}{2}\cdot2\cdot2$$

より

$$\sin\angle\mathrm{A'P'B'}=\frac{4}{5}$$

∠APB = ∠A′P′B′ より

$$\sin\angle\mathrm{APB}=\frac{\boxed{4}}{\boxed{5}}\quad\rightarrow\textbf{サ, シ}$$

である。また

$$R=\frac{8}{2\sin\angle\mathrm{APB}}=\boxed{5}\quad\rightarrow\textbf{ス}$$

である。

解 説

　2 頂点が固定された三角形において，もう一つの頂点をどうとるかによって変化する三角形の外接円の半径 R が最小になるときを考える問題である。この主題自体は有名なものであり，結論を知っている人もいるかもしれないが，本問は誘導が丁寧についているので，初見であったとしてもじっくり文章を読み進めていけば，それほど難しくはないと思われる。ただ，補助線や補助点がたくさん登場し，(2)の(ⅱ)では文章から自分で図を描くことが要求されるので，「流れに乗って議論についていけるか」が重要なポイントになる。

　本問で用いる図形と計量の知識としては，正弦定理と三角形の面積の公式を知っていれば十分である。その他の図形の知識としては，中学で学ぶ三平方の定理と円周角

の定理である。

　最後の(3)は，〔解答〕では面積を用いて sin∠APB の値を求めたが，2倍角の公式（「数学Ⅱ」で学習する）を知っていると容易に計算することができる。二等辺三角形が関連する構図では使えることも多く，知っておいても損ではないと思われるので，ここで解説しておこう。

任意の角 θ に対して

$$\sin 2\theta = 2\sin\theta\cos\theta \quad （これを正弦の2倍角の公式という）$$

$$\cos 2\theta = \cos^2\theta - \sin^2\theta \quad （これを余弦の2倍角の公式という）$$

が成り立つ。

これを用いると，∠APB $= 2\theta$ とおくと，$\sin\theta = \dfrac{1}{\sqrt{5}}$，$\cos\theta = \dfrac{2}{\sqrt{5}}$ であることから

$$\sin\angle\text{APB} = \sin 2\theta = 2\sin\theta\cos\theta = 2\cdot\frac{1}{\sqrt{5}}\cdot\frac{2}{\sqrt{5}} = \frac{4}{5}$$

と求めることができる。

問題　**2 － 3**

オリジナル問題

　太郎さんと花子さんは三角形や四角形の面積について，先生と話をしている。三人の会話を読んで，下の問いに答えよ。

> 太郎：三角形 ABC について，BC $=a$，CA $=b$，AB $=c$，∠CAB $=A$，
> 　　　∠ABC $=B$，∠BCA $=C$ と表すことにすると，三角形 ABC の面積 S は
>
> $$S=\frac{1}{2}b\boxed{\ *\ }$$
>
> 　　　と表すことができます。
>
> 花子：b を底辺とみたとき，$\boxed{\ *\ }$ が高さになるので，「（底辺）×（高さ）÷2」で三角形の面積が表せるということを三角比を用いて表現した式ですね。
>
> 太郎：あっ！　そういえば，次のような内容を本で見たことがあるんだ。

> 　右の図のような四角形 ABCD において，2つの対角線の長さについて，AC $=x$，BD $=y$ とし，対角線 AC と対角線 BD の交点を E とする。
> 　∠AED $=\theta$ とおくとき，四角形 ABCD の面積 T について，$T=\frac{1}{2}xy\sin\theta$ が成り立つ。

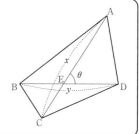

> 太郎：これは $S=\frac{1}{2}b\boxed{\ *\ }$ と関係があるのかな。
>
> 花子：この2つの式は似た形をしているね。
>
> 太郎：四角形を4つの三角形に分割して考えると，四角形 ABCD の面積 T は
>
> $$T=\triangle\text{EAB}+\triangle\text{EBC}+\triangle\text{ECD}+\triangle\text{EDA}$$
>
> 　　　と表せます。この4つの三角形の面積については，先ほどの三角形の面積の式を適用すると，EA $=a$，EB $=b$，EC $=c$，ED $=d$ とおけば
>
> $$\triangle\text{EAB}=\frac{1}{2}\boxed{\text{ウ}}，\quad \triangle\text{EBC}=\frac{1}{2}\boxed{\text{エ}}，$$
>
> $$\triangle\text{ECD}=\frac{1}{2}\boxed{\text{オ}}，\quad \triangle\text{EDA}=\frac{1}{2}\boxed{\text{カ}}$$
>
> 　　　と表せます。

花子：すると，三角比に関する関係式 　キ 　と $x=a+c$, $y=b+d$ に着目して，

T に関する式を変形していくと，確かに $T=\dfrac{1}{2}xy\sin\theta$ となりますね。

　＊ 　に当てはまるものは，次の ⓪ ～ ⑨ のうち 　ア 　と 　イ 　である。

　ア 　, 　イ 　の解答群（解答の順序は問わない。）

⓪ $c\cos A$	① $c\sin A$	② $c\cos C$	③ $c\sin C$	④ $a\cos A$
⑤ $a\sin A$	⑥ $a\cos C$	⑦ $a\sin C$	⑧ $a\sin B$	⑨ $c\cos B$

　ウ 　～ 　カ 　の解答群

⓪ $ad\sin\theta$	① $ab\cos\theta$
② $ad\cos(180°-\theta)$	③ $ab\sin(180°-\theta)$
④ $cd\sin(180°-\theta)$	⑤ $bc\sin\theta$
⑥ $bc\cos(180°-\theta)$	⑦ $cd\cos(180°-\theta)$
⑧ $bd\sin\theta$	⑨ $bd\cos(180°-\theta)$

　キ 　の解答群

⓪ $\sin(180°-\theta)=\sin\theta$	① $\sin(180°-\theta)=-\sin\theta$
② $\sin(180°-\theta)=\cos\theta$	③ $\sin(180°-\theta)=-\cos\theta$
④ $\sin(90°-\theta)=\sin\theta$	⑤ $\sin(90°-\theta)=-\sin\theta$
⑥ $\sin(90°-\theta)=-\cos\theta$	⑦ $\sin(90°+\theta)=-\cos\theta$

先生：この四角形の面積を表す式の応用を教えてあげましょう。
　　　「トレミーの定理」とよばれる有名な定理です。「対角線の長さの積が"向かい合う辺の長さの積の和"になっている」という式です。

トレミーの定理

円 K に内接する四角形 ABCD において
　　　$AC \cdot BD = AB \cdot DC + AD \cdot BC$
が成り立つ。

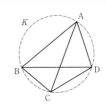

花子：「向かい合っている辺の長さをかける」って，イメージがつかめないな。

太郎：けれども，「対角線の長さをかける」というのは，先ほどの四角形の面積
の式にありますね。

先生：だから，トレミーの定理を四角形の面積の式で求めることができるのです。
さっそく，とりかかってみましょう。

まず，∠BAC と∠ ク は等しい。この角の大きさを α とおき，
∠ABD の大きさを β とおくことにします。$\alpha + \beta$ を θ とおくと，先ほど
の四角形の面積の式から，四角形 ABCD の面積 T は

$$T = \frac{1}{2}\mathrm{AC \cdot BD} \sin\theta$$

と表されます。

花子：先ほどと同様に，2つの対角線 AC，BD の交点を E とすると，
∠AED $= \theta$ となり，四角形の面積の式を適用すると，確かに

$T = \frac{1}{2}\mathrm{AC \cdot BD} \sin\theta$ が成り立ちますね。

太郎：示したい式の中の「対角線の長さの積」が現れていますね。

先生：線分 BD の垂直二等分線に関して三角形 ABD を線対称移動したとき，点
A が移る点を F とすると，点 F は円 K 上にある。すると

$$T = \triangle \mathrm{ABD} + \triangle \mathrm{BCD}$$
$$= \triangle \boxed{\text{ケ}} + \triangle \mathrm{BCD}$$
$$= (\text{四角形 D}\boxed{\text{コ}}\text{ の面積})$$
$$= \triangle \boxed{\text{コ}} + \triangle \boxed{\text{サ}}$$

が成り立ちます。

花子：すると，三角形 FDB と三角形 ABD が合同であることより

$$\angle \mathrm{FDB} = \boxed{\text{シ}}$$

であるから

$$\angle \mathrm{FDC} = \boxed{\text{ス}}$$

がいえます。

太郎：四角形 FBCD が円に内接することから，∠FBC＋∠FDC $= 180°$ であり，
∠FDC $= \boxed{\text{ス}}$ なので

$$\sin\angle\mathrm{FBC} = \sin(180° - \angle\mathrm{FDC}) = \sin(180° - \boxed{\text{ス}}) = \sin\boxed{\text{ス}}$$

が成り立つよ。

花子：すると

$$T = \frac{1}{2} \cdot \boxed{セ} \sin \boxed{ス} + \frac{1}{2} \cdot \boxed{ソ} \sin \boxed{ス}$$

$$= \frac{1}{2} (\boxed{セ} + \boxed{ソ}) \sin \boxed{ス}$$

より

$$\frac{1}{2} \mathrm{AC \cdot BD} \sin \theta = \frac{1}{2} (\boxed{セ} + \boxed{ソ}) \sin \boxed{ス}$$

が成り立つね。

太郎：再び，三角形 ABD と三角形 FDB が合同であることをふまえると

$$\mathrm{AC \cdot BD = AB \cdot DC + AD \cdot BC}$$

が成り立つことが示せたね。「トレミーの定理」の証明がこれで完了した
よ。

花子：対称移動することで，向かい合う辺だった長さを隣り合う辺の長さとして
みることができるんだね！

$\boxed{ク}$ の解答群

⓪	CAD	①	ADC	②	ACD	③	BCD	④	BCA
⑤	BDC	⑥	ABC	⑦	ABD	⑧	ADB	⑨	BAD

$\boxed{ケ}$ ～ $\boxed{サ}$ の解答群

⓪	ABC	①	CDF	②	FDB	③	ABE
④	AEC	⑤	BDC	⑥	FBC	⑦	EDB

$\boxed{シ}$, $\boxed{ス}$ の解答群

⓪	α	①	β	②	θ	③	$\alpha - \beta$	④	$\beta - \alpha$
⑤	$\alpha + \theta$	⑥	$\beta + \theta$	⑦	$\alpha - \theta$	⑧	$\beta - \theta$		

$\boxed{セ}$, $\boxed{ソ}$ の解答群（解答の順序は問わない。）

⓪	BC·DB	①	EB·EA	②	FC·CD	③	EC·EA	④	EB·ED
⑤	FD·DC	⑥	FD·BC	⑦	AC·BD	⑧	FB·DC	⑨	FB·BC

問題 **2 - 3**　　解答解説

解答記号	ア, イ	ウ	エ	オ	カ	キ	ク	ケ	コ	サ	シ	ス	セ, ソ
正　解	①, ⑦ (解答の順序は問わない)	③	⑤	④	⓪	⓪	⑤	②	⑥	①	①	②	⑤, ⑨ (解答の順序は問わない)
チェック													

《四角形の面積を表す式，トレミーの定理の証明》　　**会話設定**　**考察・証明**

三角形 ABC において，CA を底辺としてみたとき，高さ h は $a \sin C$ と $c \sin A$ の2通りに表せる。

$\left(\text{ちなみに，} a \sin C = c \sin A \text{ から } \dfrac{a}{\sin A} = \dfrac{c}{\sin C} \text{ ［正弦定理］がいえる} \right)$

よって

$$S = \frac{1}{2}bh = \begin{cases} \dfrac{1}{2}bc\sin A \\[2mm] \dfrac{1}{2}ba\sin C \end{cases}$$

と表すことができる。＊に当てはまるものは ① ， ⑦ →ア, イ である。

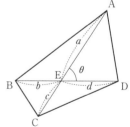

$$\begin{cases} \triangle\text{EAB} = \dfrac{1}{2}ab\sin(180°-\theta) \quad \boxed{③} \quad →ウ \\[2mm] \triangle\text{EBC} = \dfrac{1}{2}bc\sin\theta \quad \boxed{⑤} \quad →エ \\[2mm] \triangle\text{ECD} = \dfrac{1}{2}cd\sin(180°-\theta) \quad \boxed{④} \quad →オ \\[2mm] \triangle\text{EDA} = \dfrac{1}{2}ad\sin\theta \quad \boxed{⓪} \quad →カ \end{cases}$$

これらに，$\sin(180°-\theta) = \sin\theta$　$\boxed{⓪}$　→キ と $x = a+c$，$y = b+d$ を適用して

$$T = \triangle\text{EAB} + \triangle\text{EBC} + \triangle\text{ECD} + \triangle\text{EDA}$$

$$= \frac{1}{2}ab\sin\theta + \frac{1}{2}bc\sin\theta + \frac{1}{2}cd\sin\theta + \frac{1}{2}ad\sin\theta$$

$$= \frac{1}{2}\{a(b+d) + c(b+d)\}\sin\theta$$

$$= \frac{1}{2}(a+c)(b+d)\sin\theta$$

$$= \frac{1}{2}xy\sin\theta$$

となる。

弧 BC に対する円周角は等しいので，

∠BAC = ∠**BDC**　⑤　→**ク**　である。

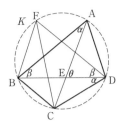

∠ABD = β とおくと，三角形 ABE の E での外角 ∠AED は
隣り合わない内角の和に等しいから

$$\angle AED = \angle BAE + \angle ABE = \alpha + \beta = \theta$$

つまり，∠AED = θ がわかる。

これより，四角形の面積の式から

$$T = \frac{1}{2} AC \cdot BD \sin\theta$$

が成り立つことがわかる。

また，点 F は円 K 上にあるから

$$\begin{aligned}
T &= \triangle ABD + \triangle BCD \\
&= \triangle \textbf{FDB} + \triangle BCD \quad ② \quad →\textbf{ケ} \\
&= (\text{四角形 DFBC の面積}) \quad ⑥ \quad →\textbf{コ} \\
&= \triangle \textbf{FBC} + \triangle \textbf{CDF} \quad ① \quad →\textbf{サ}
\end{aligned}$$

が成り立つ。

$\triangle ABD \equiv \triangle FDB$ より，対応する角が等しく

$$\angle FDB = \angle ABD = \boldsymbol{\beta} \quad ① \quad →\textbf{シ}$$

であるから

$$\angle FDC = \angle FDB + \angle BDC = \beta + \alpha = \boldsymbol{\theta} \quad ② \quad →\textbf{ス}$$

が成り立つ。

$$\begin{aligned}
T &= \triangle CDF + \triangle FBC \\
&= \frac{1}{2} \textbf{FD} \cdot \textbf{DC} \sin\theta + \frac{1}{2} \textbf{FB} \cdot \textbf{BC} \sin\theta \quad ⑤ , ⑨ \quad →\textbf{セ, ソ} \\
&= \frac{1}{2} (FD \cdot DC + FB \cdot BC) \sin\theta
\end{aligned}$$

より

$$\frac{1}{2} AC \cdot BD \sin\theta = \frac{1}{2} (FD \cdot DC + FB \cdot BC) \sin\theta$$

が成り立つ。

三角形 ABD と三角形 FDB が合同であることから，FD = AB，FB = AD であるから

$$\frac{1}{2} AC \cdot BD \sin\theta = \frac{1}{2} (AB \cdot DC + AD \cdot BC) \sin\theta$$

が成り立ち，この両辺を $\frac{1}{2} \sin\theta$（$\neq 0$）で割ることで

$$AC \cdot BD = AB \cdot DC + AD \cdot BC$$

が成り立つことが示せた。「トレミーの定理」の証明がこれで完了した。

解説

　本問は，前半が三角形の面積から発展させて四角形の面積の式の証明，後半はそれを利用したトレミーの定理の証明という構成になっている。適切な誘導がなされているので，それにしたがって証明を完成していけばよい。今まで意味を考えずに公式を用いていた人は，本問を通して公式の成り立ちについて考えてみてほしい。

参考1　四角形の面積を表す式は，次のように平行四辺形を用いて解釈することもできる。

　BDと平行で点A，点Cをそれぞれ通る直線および，ACと平行で点B，点Dをそれぞれ通る直線を引く。いま引いた4直線に対して，交点に次のように記号をふることにすると，四角形PQRSは平行四辺形である。

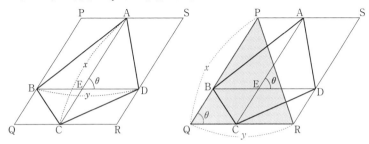

$$\triangle PBA = \triangle EAB, \quad \triangle QCB = \triangle EBC,$$
$$\triangle RDC = \triangle ECD, \quad \triangle SAD = \triangle EDA$$

であるから，平行四辺形PQRSの面積は四角形ABCDの面積 T の2倍である。また，平行四辺形PQRSの面積は，三角形PQRの面積の2倍であることから，$T = \triangle PQR$ である。$PQ = AC = x$，$QR = BD = y$，$\angle PQR = \angle AED = \theta$ であるから

$$T = \triangle PQR = \frac{1}{2}xy\sin\theta$$

とわかる。

参考2　トレミーの定理の証明方法は他にもいくつか知られている。ここでは，有名な証明方法を2つ紹介しておく。

証明方法1（三角比を用いる方法）

　$AB = a$，$BC = b$，$CD = c$，$DA = d$，$AC = x$，$BD = y$，$\angle DAB = A$，$\angle ABC = B$，$\angle BCD = C$，$\angle CDA = D$ と表すことにする。

　三角形DAB，三角形ABC，三角形BCD，三角形CDAで余弦定理から

$$\cos A = \frac{a^2 + d^2 - y^2}{2ad}, \quad \cos B = \frac{a^2 + b^2 - x^2}{2ab},$$

$$\cos C = \frac{b^2 + c^2 - y^2}{2bc}, \quad \cos D = \frac{c^2 + d^2 - x^2}{2cd}$$

が成り立つ。

さらに、四角形 ABCD が円に内接するので，$A + C = B + D = 180°$ であるから，$\cos A + \cos C = \cos B + \cos D = 0$ が成り立つ。よって

$$\begin{cases} \dfrac{a^2 + d^2 - y^2}{2ad} + \dfrac{b^2 + c^2 - y^2}{2bc} = 0 \\[2mm] \dfrac{a^2 + b^2 - x^2}{2ab} + \dfrac{c^2 + d^2 - x^2}{2cd} = 0 \end{cases}$$

つまり

$$\begin{cases} y = \sqrt{\dfrac{(ab + cd)(ac + bd)}{ad + bc}} \\[4mm] x = \sqrt{\dfrac{(ad + bc)(ac + bd)}{ab + cd}} \end{cases}$$

が成り立ち，これらより，$xy = ac + bd$ が成り立つことがわかる。

証明方法2 （補助線と三角形の相似を用いる方法）

次の図のように，点Uを弧 BD 上に $\angle BAC = \angle UAD$ となるようにとり，AU と BD の交点をVとする。

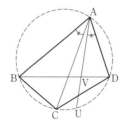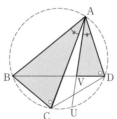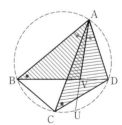

△ABC∽△AVD より

$$AC : BC = AD : VD \quad つまり \quad BC \cdot AD = AC \cdot VD \quad \cdots\cdots①$$

が成り立ち，△ABV∽△ACD より

$$BV : AB = CD : AC \quad つまり \quad AB \cdot CD = BV \cdot AC \quad \cdots\cdots②$$

が成り立つ。

①，②の辺々を加えて

$$BC \cdot AD + AB \cdot CD = AC \cdot VD + BV \cdot AC$$
$$= AC \cdot (VD + BV) = AC \cdot BD$$

が得られる。

第 3 章

2 次関数

第3章　2次関数

傾向分析

『数学Ⅰ・数学A』では，第2問〔1〕で15点分が出題されています。新課程の『数学Ⅰ，数学A』の試作問題でも，第2問〔1〕で15点分が出題され，2021年度の第1日程の第2問〔1〕と共通問題でした。

2次関数のグラフ，平行移動，最大・最小，2次不等式などを扱う単元で，新課程でも内容的な変更はありません。共通テストでは，陸上競技のタイムや，模擬店での利益の最大化など，実用的な設定が出題されやすく，文章を読んでそこから関数を立式する作業が要求されます。また，グラフ表示ソフトの活用や，三角比との融合問題なども見られます。

■ 共通テストでの出題項目

試　験	大　問	出題項目	配　点
新課程 試作問題	第2問〔1〕 （演習問題3－1）	1次関数，2次関数 （実用設定）	15点
2023 本試験	第2問〔2〕	2次関数 会話設定　実用設定　考察・証明	15点
2023 追試験	第2問〔1〕	1次関数，2次関数，最大値 会話設定　実用設定	15点
2022 本試験	第2問〔1〕	共通解，平行移動，集合と命題 会話設定　ICT活用	15点
2022 追試験	第2問〔1〕	2次関数の最大値	15点
2021 本試験 （第1日程）	第2問〔1〕	1次関数，2次関数 （実用設定）	15点
2021 本試験 （第2日程）	第2問〔1〕 （演習問題3－2）	1次関数，2次関数 会話設定　実用設定	15点

学習指導要領における内容

> ア．次のような知識及び技能を身に付けること。
>   （ア）　二次関数の値の変化やグラフの特徴について理解すること。
>   （イ）　二次関数の最大値や最小値を求めること。
>   （ウ）　二次方程式の解と二次関数のグラフとの関係について理解すること。また，二次不等式の解と二次関数のグラフとの関係について理解し，二次関数のグラフを用いて二次不等式の解を求めること。
>
> イ．次のような思考力，判断力，表現力等を身に付けること。
>   （ア）　二次関数の式とグラフとの関係について，コンピュータなどの情報機器を用いてグラフをかくなどして多面的に考察すること。
>   （イ）　二つの数量の関係に着目し，日常の事象や社会の事象などを数学的に捉え，問題を解決したり，解決の過程を振り返って事象の数学的な特徴や他の事象との関係を考察したりすること。

問題 3 − 1

試作問題　第2問〔1〕

　陸上競技の短距離100m走では，100 mを走るのにかかる時間（以下，タイムと呼ぶ）は，1歩あたりの進む距離（以下，ストライドと呼ぶ）と1秒あたりの歩数（以下，ピッチと呼ぶ）に関係がある。ストライドとピッチはそれぞれ以下の式で与えられる。

$$\text{ストライド（m/歩）} = \frac{100\ \text{（m）}}{100\text{mを走るのにかかった歩数（歩）}}$$

$$\text{ピッチ（歩/秒）} = \frac{100\text{mを走るのにかかった歩数（歩）}}{\text{タイム（秒）}}$$

ただし，100mを走るのにかかった歩数は，最後の1歩がゴールラインをまたぐこともあるので，小数で表される。以下，単位は必要のない限り省略する。

　例えば，タイムが10.81で，そのときの歩数が48.5であったとき，ストライドは $\frac{100}{48.5}$ より約2.06，ピッチは $\frac{48.5}{10.81}$ より約4.49である。

　なお，小数の形で解答する場合は，指定された桁数の一つ下の桁を四捨五入して答えよ。また，必要に応じて，指定された桁まで ⓪ にマークせよ。

⑴　ストライドを x，ピッチを z とおく。ピッチは 1 秒あたりの歩数，ストライドは 1 歩あたりの進む距離なので，1 秒あたりの進む距離すなわち平均速度は，x と z を用いて　$\boxed{\text{ア}}$　（m/秒）と表される。

　これより，タイムと，ストライド，ピッチとの関係は

$$\text{タイム} = \frac{100}{\boxed{\text{ア}}} \quad \cdots\cdots\cdots\cdots\cdots\cdots\cdots\cdots\cdots ①$$

と表されるので，$\boxed{\text{ア}}$ が最大になるときにタイムが最もよくなる。ただし，タイムがよくなるとは，タイムの値が小さくなることである。

$\boxed{\text{ア}}$ の解答群

⓪　$x + z$	①　$z - x$	②　xz
③　$\dfrac{x + z}{2}$	④　$\dfrac{z - x}{2}$	⑤　$\dfrac{xz}{2}$

⑵　男子短距離 100m 走の選手である太郎さんは，①に着目して，タイムが最もよくなるストライドとピッチを考えることにした。

　次の表は，太郎さんが練習で 100m を 3 回走ったときのストライドとピッチのデータである。

	1 回目	2 回目	3 回目
ストライド	2.05	2.10	2.15
ピッチ	4.70	4.60	4.50

　また，ストライドとピッチにはそれぞれ限界がある。太郎さんの場合，ストライドの最大値は 2.40，ピッチの最大値は 4.80 である。

　太郎さんは，上の表から，ストライドが 0.05 大きくなるとピッチが 0.1 小

さくなるという関係があると考えて，ピッチがストライドの 1 次関数として表されると仮定した。このとき，ピッチ z はストライド x を用いて

$$z = \boxed{イウ}\, x + \frac{\boxed{エオ}}{5} \quad\cdots\cdots\cdots\cdots\cdots\cdots\cdots\cdots ②$$

と表される。

②が太郎さんのストライドの最大値 2.40 とピッチの最大値 4.80 まで成り立つと仮定すると，x の値の範囲は次のようになる。

$$\boxed{カ}.\boxed{キク} \leqq x \leqq 2.40$$

$y = \boxed{ア}$ とおく。②を $y = \boxed{ア}$ に代入することにより，y を x の関数として表すことができる。太郎さんのタイムが最もよくなるストライドとピッチを求めるためには，$\boxed{カ}.\boxed{キク} \leqq x \leqq 2.40$ の範囲で y の値を最大にする x の値を見つければよい。このとき，y の値が最大になるのは $x = \boxed{ケ}.\boxed{コサ}$ のときである。

よって，太郎さんのタイムが最もよくなるのは，ストライドが $\boxed{ケ}.\boxed{コサ}$ のときであり，このとき，ピッチは $\boxed{シ}.\boxed{スセ}$ である。また，このときの太郎さんのタイムは，①により $\boxed{ソ}$ である。

$\boxed{ソ}$ については，最も適当なものを，次の⓪〜⑤のうちから一つ選べ。

⓪ 9.68	① 9.97	② 10.09
③ 10.33	④ 10.42	⑤ 10.55

問題 **3 － 1**

解答記号	ア	イウ$x+\dfrac{エオ}{5}$	カ.キク	ケ.コサ	シ.スセ	ソ
正　解	②	$-2x+\dfrac{44}{5}$	2.00	2.20	4.40	③
チェック						

《1次関数，2次関数》 （実用設定）

(1)　1秒あたりの進む距離すなわち平均速度は，x と z を用いて

　　　平均速度 = 1秒あたりの進む距離

　　　　　　　= 1秒あたりの歩数 × 1歩あたりの進む距離

　　　　　　　= $z \times x = xz$〔m/秒〕　　②　　→ア

と表される。

これより，タイムと，ストライド，ピッチとの関係は

$$タイム = \frac{100〔m〕}{平均速度〔m/秒〕} = \frac{100}{xz} \quad ……①$$

と表されるので，xz が最大になるときにタイムが最もよくなる。

(2)　ストライドが0.05大きくなるとピッチが0.1小さくなるという関係があると考えて，ピッチがストライドの1次関数として表されると仮定したとき，そのグラフの傾きは，ストライド x が0.05大きくなるとピッチ z が0.1小さくなることより

$$\frac{-0.1}{0.05} = -2$$

これより，グラフの z 軸上の切片を b とすると

$$z = -2x + b$$

とおけるから，表の2回目のデータより，$x=2.10$，$z=4.60$ を代入して

$$4.60 = -2 \times 2.10 + b \quad \therefore \quad b = 8.80 = \frac{44}{5}$$

よって，ピッチ z はストライド x を用いて

$$z = \boxed{-2}x + \frac{\boxed{44}}{5} \quad ……② \quad →イウ，エオ$$

と表される。

②が太郎さんのストライドの最大値2.40とピッチの最大値4.80まで成り立つと仮定すると，ピッチ z の最大値が4.80より，$z \leqq 4.80$ だから，②を代入して

$$-2x+\frac{44}{5}\le 4.80 \qquad -2x\le 4.80-8.80 \qquad \therefore \quad x\ge 2.00$$

ストライド x の最大値が 2.40 より，$x\le 2.40$ だから，x の値の範囲は

$$\boxed{2}.\boxed{00}\le x\le 2.40 \quad \rightarrow \text{カ, キク}$$

$y=xz$ とおく。② を $y=xz$ に代入すると

$$y=x\left(-2x+\frac{44}{5}\right)=-2x^2+\frac{44}{5}x=-2\left(x-\frac{11}{5}\right)^2+\frac{242}{25}$$

太郎さんのタイムが最もよくなるストライドとピッチを求めるためには，$2.00\le x\le 2.40$ の範囲で y の値を最大にする x の値を見つければよい。

$$y=-2\left(x-\frac{11}{5}\right)^2+\frac{242}{25}$$

$x=2.00$　$x=2.40$

$x=2.20$

このとき，$x=\frac{11}{5}=2.2$ より，y の値が最大になるのは $x=\boxed{2}.\boxed{20}$ →ケ, コサ のときであり，y の値の最大値は $\frac{242}{25}$ である。

よって，太郎さんのタイムが最もよくなるのは，ストライド x が 2.20 のときであり，このとき，ピッチ z は，$x=2.20$ を ② に代入して

$$z=-2\times 2.20+8.80=\boxed{4}.\boxed{40} \quad \rightarrow \text{シ, スセ}$$

である。

また，このときの太郎さんのタイムは，$y=xz$ の最大値が $\frac{242}{25}$ なので，① より

$$\text{タイム}=\frac{100}{xz}=\frac{100}{\dfrac{242}{25}}=100\div\frac{242}{25}=\frac{1250}{121}=10.330\cdots\fallingdotseq \mathbf{10.33} \quad \boxed{③} \quad \rightarrow \text{ソ}$$

である。

解 説

　陸上競技の短距離 100 m 走において，タイムが最もよくなるストライドとピッチを，ストライドとピッチの間に成り立つ関係も考慮しながら考察していく，日常の事象を題材とした問題である。問題文で与えられた用語の定義や，その間に成り立つ関係を理解し，数式を立てられるかどうかがポイントとなる。

(1)　問題文に，ピッチ $z=$（1秒あたりの歩数），ストライド $x=$（1歩あたりの進む距離）であることが与えられているので，平均速度＝（1秒あたりの進む距離）であることと合わせて考えれば，平均速度＝xz と表されることがわかる。あるいは

$$\text{ストライド}\ x=\frac{100\ \text{〔m〕}}{100\text{mを走るのにかかった歩数〔歩〕}}$$

$$ピッチ\ z = \dfrac{100\,\text{m}を走るのにかかった歩数〔歩〕}{タイム〔秒〕}$$

であることを利用して

$$平均速度 = 1\ 秒あたりの進む距離 = \dfrac{100\,〔\text{m}〕}{タイム〔秒〕}$$

$$= \dfrac{100\,〔\text{m}〕}{100\,\text{m}を走るのにかかった歩数〔歩〕} \cdot \dfrac{100\,\text{m}を走るのにかかった歩数〔歩〕}{タイム〔秒〕}$$

$$= xz$$

と考えてもよい。

(2)　ピッチがストライドの 1 次関数として表されると仮定したとき，ストライド x が 0.05 大きくなるとピッチ z が 0.1 小さくなることより，変化の割合は $\dfrac{-0.1}{0.05} = -2$ で求められる。

〔解答〕では $z = -2x + b$ とおき，表の 2 回目のデータ $x = 2.10$，$z = 4.60$ を代入したが，1 回目のデータ $x = 2.05$，$z = 4.70$，もしくは，3 回目のデータ $x = 2.15$，$z = 4.50$ を代入して b の値を求めてもよい。$z = -2x + \dfrac{44}{5}$ ……② が求まれば，$x \leqq 2.40$，$z \leqq 4.80$ を用いて x の値の範囲が求められる。

$y = xz$ とおいてからは，問題文に丁寧な誘導がついているので，それに従っていけば y の値が最大になる x の値が求まる。このときの z の値は② を利用し，タイムは ① が タイム $= \dfrac{100}{xz} = \dfrac{100}{y}$ であることを利用する。

3
-
1

問題 **3－2**

2021年度第2日程　第2問〔1〕

　　花子さんと太郎さんのクラスでは，文化祭でたこ焼き店を出店することになった。二人は1皿あたりの価格をいくらにするかを検討している。次の表は，過去の文化祭でのたこ焼き店の売り上げデータから，1皿あたりの価格と売り上げ数の関係をまとめたものである。

1皿あたりの価格(円)	200	250	300
売り上げ数(皿)	200	150	100

⑴　まず，二人は，上の表から，1皿あたりの価格が50円上がると売り上げ数が50皿減ると考えて，売り上げ数が1皿あたりの価格の1次関数で表されると仮定した。このとき，1皿あたりの価格を x 円とおくと，売り上げ数は

　　　$\boxed{\text{アイウ}} - x$ 　　　　　　　　　　　……………………………… ①

と表される。

⑵　次に，二人は，利益の求め方について考えた。

- -
　花子：利益は，売り上げ金額から必要な経費を引けば求められるよ。
　太郎：売り上げ金額は，1皿あたりの価格と売り上げ数の積で求まるね。
　花子：必要な経費は，たこ焼き用器具の賃貸料と材料費の合計だね。
　　　　材料費は，売り上げ数と1皿あたりの材料費の積になるね。
- -

　　二人は，次の三つの条件のもとで，1 皿あたりの価格 x を用いて利益を表すことにした。

（条件 1)　　1 皿あたりの価格が x 円のときの売り上げ数として ① を用いる。

（条件 2)　　材料は，① により得られる売り上げ数に必要な分量だけ仕入れる。

（条件 3)　　1 皿あたりの材料費は 160 円である。たこ焼き用器具の賃貸料は 6000 円である。材料費とたこ焼き用器具の賃貸料以外の経費はない。

　　利益を y 円とおく。y を x の式で表すと

$$y = -x^2 + \boxed{\textbf{エオカ}}\ x - \boxed{\textbf{キ}} \times 10000 \quad \cdots\cdots\cdots\cdots\cdots\cdots ②$$

である。

(3)　太郎さんは利益を最大にしたいと考えた。② を用いて考えると，利益が最大になるのは 1 皿あたりの価格が $\boxed{\textbf{クケコ}}$ 円のときであり，そのときの利益は $\boxed{\textbf{サシスセ}}$ 円である。

(4)　花子さんは，利益を 7500 円以上となるようにしつつ，できるだけ安い価格で提供したいと考えた。② を用いて考えると，利益が 7500 円以上となる 1 皿あたりの価格のうち，最も安い価格は $\boxed{\textbf{ソタチ}}$ 円となる。

問題 **3 — 2**

解答解説

解答記号	アイウ$-x$	エオカ	キ	クケコ	サシスセ	ソタチ
正 解	$400-x$	560	7	280	8400	250
チェック						

《1次関数，2次関数》　　　　　　　　　　　会話設定　　実用設定

(1)　1皿あたりの価格を x 円とし，売り上げ数を d 皿とすると，d が x の1次関数であるという仮定から，定数 a，b を用いて

$$d = ax + b$$

と表せる。$x = 200$ のとき $d = 200$，$x = 250$ のとき $d = 150$，$x = 300$ のとき $d = 100$ より，$a = -1$，$b = 400$ である。したがって，売り上げ数は

$$\boxed{400} - x \quad \cdots\cdots① \quad →アイウ$$

と表される。

(2)　$y = ($売り上げ金額$) - ($必要な経費$)$

$\qquad = ($1皿あたりの価格$) \times ($売り上げ数$)$

$\qquad\qquad\qquad\qquad - \{($たこ焼き用器具の賃貸料$) + ($材料費$)\}$

$\qquad = ($1皿あたりの価格$) \times ($売り上げ数$)$

$\qquad\qquad - \{($たこ焼き用器具の賃貸料$) + ($1皿あたりの材料費$) \times ($売り上げ数$)\}$

$\qquad = x \times (400 - x) - \{6000 + 160 \times (400 - x)\}$

$\qquad = -x^2 + 560x - 70000$

$\qquad = -x^2 + \boxed{560}\, x - \boxed{7} \times 10000 \quad \cdots\cdots② \quad →エオカ，キ$

である。

(3)　$-x^2 + 560x - 70000 = -(x - 280)^2 + 8400$

より，利益 y は

$$x = \boxed{280} \text{ 円} \quad →クケコ$$

のときに最大となる。このとき，売り上げ数は $400 - 280 = 120$ 皿である。したがって，利益は

$$\boxed{8400} \text{ 円} \quad →サシスセ$$

である。

(4)　$-(x-280)^2+8400 \geqq 7500$ を解くと

$$(x-280)^2 \leqq 900$$

$$-30 \leqq x-280 \leqq 30$$

$$250 \leqq x \leqq 310$$

したがって，利益 y が $y \geqq 7500$ を満たすもとで，x の最小値は

$$x = \boxed{250} \text{ 円}　\rightarrow \text{ソタチ}$$

となる。

─ 解 説 ─

　文化祭でたこ焼き店を出店するという現実生活設定の問題であるが，数学的に定式化すると，1次関数，2次関数の問題に帰着される。変量の設定は問題文に書かれている通りであるので，文章通りに式を立てていけばよい。情報が整理しきれず，一度に文字式による立式が困難なようであれば，〔解答〕のように日本語を含む数式を用いて考えていけばよい。すべて問題文に書かれている内容から立式できる。(3)・(4)では，(2)で定式化した式②に基づいて考えればよい。

3
−
2

問題 **3 - 3** 演習問題

オリジナル問題

2次関数のグラフについて，先生，花子さん，太郎さんが話し合っている。

先生：次の図1は，2次関数 $y = ax^2 + bx + c$ のグラフです。
このグラフ C を見て，係数 a, b, c についてわかることはありますか？

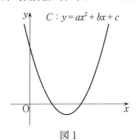

図1

花子：まず，x^2 の係数 a については，$\boxed{\text{ア}}$ が成り立っているといえます。

太郎：次に，直線 $l : y = bx + c$ と放物線 $C : y = ax^2 + bx + c$ とは $\boxed{\text{イ}}$ ことがわかります。

花子：直線 l と放物線 C が $\boxed{\text{イ}}$ ことを考えると，x の係数 b と定数項 c については，$\boxed{\text{ウ}}$ が成り立っているといえます。

$\boxed{\text{ア}}$ の解答群

⓪	放物線が上に凸であるから，$a<0$	①	放物線が下に凸であるから，$a<0$
②	放物線が上に凸であるから，$a=0$	③	放物線が下に凸であるから，$a=0$
④	放物線が上に凸であるから，$a>0$	⑤	放物線が下に凸であるから，$a>0$

$\boxed{\text{イ}}$ の解答群

⓪	x 軸上で接する	①	y 軸上で接する
②	x 軸上の2点で交わる	③	y 軸上の2点で交わる
④	C の頂点で C と l が接する		

　ウ　の解答群

⓪　$b<0,\ c<0$	①　$b<0,\ c=0$	②　$b<0,\ c>0$
③　$b=0,\ c<0$	④　$b=0,\ c=0$	⑤　$b=0,\ c>0$
⑥　$b>0,\ c<0$	⑦　$b>0,\ c=0$	⑧　$b>0,\ c>0$

先生：なかなか鋭いですね。式の見方が柔軟です。

　　　　では，グラフを変えるので，次の図2で同じ問いを考えてみてください。

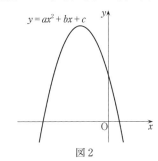

図 2

花子：今度は，　＊　がいえます。

　＊　に当てはまるものは，次の⓪～⑧のうち　エ　，　オ　，　カ　である。

　エ　～　カ　の解答群（解答の順序は問わない。）

⓪　$a<0$	①　$a=0$	②　$a>0$
③　$b<0$	④　$b=0$	⑤　$b>0$
⑥　$c<0$	⑦　$c=0$	⑧　$c>0$

先生：では，次の図3は趣向を変えて，こんなグラフを君たちに見せましょう。

　　　　y 軸の位置はわかっていないという設定です。

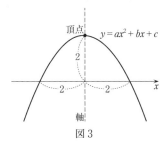

図 3

太郎：x^2 の係数 a については，$\boxed{\text{キ}}$ が成り立っているといえます。

先生：他にいえることはないですか？　花子さん，どうですか？

花子：放物線の頂点の y 座標が2であることから $\boxed{\text{ク}}$ がいえ，軸の位置と x 軸との交点との距離が2であることから，$\boxed{\text{ケ}}$ がいえます。

$\boxed{\text{キ}}$ の解答群

⓪　放物線が上に凸であるから，$a < 0$
①　放物線が下に凸であるから，$a < 0$

②　放物線が上に凸であるから，$a = 0$
③　放物線が下に凸であるから，$a = 0$

④　放物線が上に凸であるから，$a > 0$
⑤　放物線が下に凸であるから，$a > 0$

$\boxed{\text{ク}}$，$\boxed{\text{ケ}}$ の解答群

⓪　$b^2 - 4ac = 2$

①　$\dfrac{-b^2 + 4ac}{2a} = 2$

②　$\dfrac{-b^2 + 4ac}{4a} = 2$

③　$\dfrac{-b + \sqrt{b^2 - 4ac}}{2a} = 2$

④　$-\dfrac{b}{2a} = 2$

⑤　$\dfrac{b}{a} = 2$

⑥　$\dfrac{-\sqrt{b^2 - 4ac}}{a} = 2$

⑦　$\dfrac{\sqrt{b^2 - 4ac}}{a} = 2$

⑧　$\dfrac{-\sqrt{b^2 - 4ac}}{2a} = 2$

⑨　$\dfrac{\sqrt{b^2 - 4ac}}{2a} = 2$

先生：確かに，それらがいえますね。ところで，a の値は求まりますか？

太郎：$\boxed{\text{キ}}$，$\boxed{\text{ク}}$，$\boxed{\text{ケ}}$ から，$a = -\dfrac{1}{2}$ と求まります。

先生：いくつかわかることを立式して，それらを総合すれば，確かに a の値がわかりますね。

太郎：$b^2 - 4ac$ をまとめて消去するという方法で解決できましたが，何かしらの仕組みがあると直感しました。

先生：なかなか鋭いですね。

花子：何か良い方法があって，すぐに a の値が求まるのでしょうか？

先生：その通り。ここでも，図形を見る視点が備わっていれば，即時に a の値がわかります。その準備として，次のような問いに答えてもらいましょう。次の図4のグラフから，a の値を答えてください。

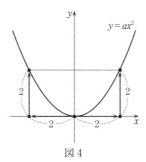

図 4

太郎：$2 = a \cdot 2^2$ であることより，$a = \dfrac{1}{2}$ です。

花子：軸が y 軸で，頂点が原点である 2 次関数のグラフですね。

頂点から左右の移動量が 2 のとき，$y = ax^2$（$a > 0$）では，頂点から上下の移動量が $a \cdot 2^2 = 4a$ となります。

これが 2 であることから，$a = \dfrac{1}{2}$ とわかります。

先生：花子さんが言った「頂点から左右の移動量」や「頂点から上下の移動量」とはうまい表現ですね。この「頂点から左右の移動量」と「頂点から上下の移動量」に着目すれば，$|a|$ はわかるのです。

つまり，$|a|$ のみで放物線の "開き具合" が決まるということですね。

太郎：$|a|$ がわかると，グラフが上に凸の放物線か下に凸の放物線かを見れば，a の符号がわかり，a 自身の値もわかりますね。

先生：それで，先ほどの答えが $-\dfrac{1}{2}$ であることが納得できますね？

花子：あっ。まさにこの 2 つの放物線は同じ "開き具合" なのですね。

先生：そういうことです。では，腕試しに次の問題をやってみましょう。

今回も y 軸の位置はわかっていないという設定です。

図 5 の三角形 ABC は 1 辺の長さが 4 である正三角形であるとする。さて，a はいくらでしょう？

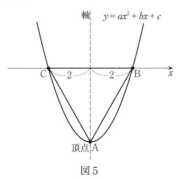

図 5

花子：放物線の "開き具合" と上に凸か下に凸かを考えると，$a = \boxed{コ}$ とすぐにわかりますね。

$\boxed{コ}$ の解答群

⓪ 2　　　① -2　　　② $\sqrt{3}$　　　③ $-\sqrt{3}$　　　④ $\dfrac{\sqrt{3}}{3}$

⑤ $-\dfrac{\sqrt{3}}{3}$　　　⑥ $\dfrac{\sqrt{3}}{2}$　　　⑦ $-\dfrac{\sqrt{3}}{2}$　　　⑧ 1　　　⑨ -1

$\boxed{問題}$ 下に凸の放物線 $C_1 : y = ax^2 + bx + c$ の頂点を A，上に凸の放物線 $C_2 : y = px^2 + qx + r$ の頂点を D とする。C_1，C_2 はともに x 軸上の2定点 B，C を通り，BC $= 4$，AD $= 8$ を満たしながら変化する。これにしたがい，2点 A，D は座標平面上を動く。

　このもとで図6のように頂点 D を BC を折り目として垂直に折り曲げる。折り曲げた後の点 D の位置を D$'$ として，三角錐 ABCD$'$ の体積 V が最大となるのはどのようなときか求めなさい。

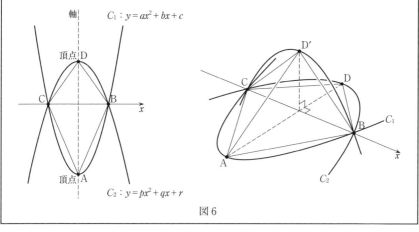

図6

先生：最後に，この問題を考えてください。

太郎：AD と x 軸との交点を H とすると，D$'$H $=$ DH より，V は

$$V = \frac{\boxed{サ}}{\boxed{シ}} \cdot AH \cdot DH \quad \cdots\cdots ①$$

と表されるから，AH，DH を a，p で表してみよう。

花子：それなら

$$\text{AH} = \boxed{\text{ス}}\,|a|, \quad \text{DH} = \boxed{\text{セ}}\,|p|$$

となるね。よって，AD＝8 より

$$\boxed{\text{ス}}\,|a| + \boxed{\text{セ}}\,|p| = 8 \quad \cdots\cdots②$$

です。$a>0$，$p<0$ に注意して，①，②より，V を a で表すと

$$V = -\frac{\boxed{\text{ソタ}}}{\boxed{\text{チ}}}\left(a^2 - \boxed{\text{ツ}}\,a\right)$$

となります。

太郎：$p<0$ と②より，a のとり得る値の範囲は

$$0 < a < \boxed{\text{テ}}$$

となるね。すると，V は $a = \boxed{\text{ト}}$ のとき，最大値 $\dfrac{\boxed{\text{ナニ}}}{\boxed{\text{ヌ}}}$ をとるよ。

花子：このとき，$p = \boxed{\text{ネノ}}$ となるね。

太郎：つまり，C_1 と折る前の C_2 が x 軸に関して対称な位置にあるときに，V は最大となるということだね。

花子：このとき，b，c，q，r に関して

$$b + q = \boxed{\text{ハ}}, \quad c + r = \boxed{\text{ヒ}}$$

が成り立つよ。

問題 **3 － 3**

解答記号	ア	イ	ウ	エ, オ, カ	キ	ク	ケ	コ	$\dfrac{サ}{シ}$
正　解	⑤	①	②	⓪, ③, ⑧ (解答の順序は問わない)	⓪	②	⑧	⑥	$\dfrac{2}{3}$
チェック									

解答記号	ス	セ	$-\dfrac{ソタ}{チ}(a^2-ツa)$	テ	ト	$\dfrac{ナニ}{ヌ}$	ネノ	ハ	ヒ
正　解	4	4	$-\dfrac{32}{3}(a^2-2a)$	2	1	$\dfrac{32}{3}$	-1	0	0
チェック									

《2次関数のグラフ》

会話設定　考察・証明

図1のグラフ C が下に凸であるから, x^2 の係数 a は, $\boldsymbol{a>0}$ となる。　⑤　→ア

直線 $l:y=bx+c$ と放物線 $C:y=ax^2+bx+c$ とは **y 軸上で接する**。　①　→イ

なぜならば, 2つの方程式から y を消去して得られる x についての2次方程式 $ax^2+bx+c=bx+c$ つまり $ax^2=0$ が $x=0$ を重解にもつからである。

これより, C と l は x 座標が 0 の点で接する, すなわち, C と l は y 軸上の点 $(0,\ c)$ で接することがわかる。

(注) 「数学Ⅱ」の微分法の知識を用いれば, $f(x)=ax^2+bx+c$ に対して, $f'(x)=2ax+b$ より, $f'(0)=b$ であることがわかる。このことから, 放物線 $y=f(x)$ 上の点 $(0,\ c)$ における C の接線の式が $y=bx+c$ であることを確認することもできる。

なお, このことは次数が上がっても成り立つことであり, そのテーマは, 2021年度本試験第2日程『数学Ⅱ・数学B』の第2問で出題されている。本問と同じ見方で解決できる問題であるので, 参考にしてもらいたい。

放物線 $y=ax^2+bx+c$ のグラフ C を見て, x の係数 b と定数項 c の符号を判断する際, 直線 $l:y=bx+c$ がこの放物線 C の y 軸との交点 $(0,\ c)$ で接することに着目し, この直線から判断することができる。

直線 $l:y=bx+c$ は傾きが負の直線であるから, $\boldsymbol{b<0}$ であり, y 軸との交点は $y>0$ の部分にあるので, $\boldsymbol{c>0}$ と判断できる。　②　→ウ

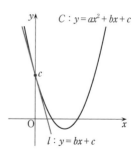

図 2 のグラフが上に凸の放物線であることから，$a<0$ とわかり，この放物線の y 軸との交点 $(0,\ c)$ で放物線に接する直線の傾きが負であるから，$b<0$ であり，y 軸との交点は $y>0$ の部分にあるので，$c>0$ と判断できる。

よって，＊に当てはまるものは ⓪，③，⑧ →**エ，オ，カ** である。

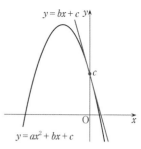

図 3 のグラフが上に凸であるから，x^2 の係数 a について，$a<0$ がいえる。 ⓪ →**キ**

$$ax^2+bx+c=a\left(x+\frac{b}{2a}\right)^2+\frac{-b^2+4ac}{4a}$$ と平方完成され，放物線の頂点は

$$\left(-\frac{b}{2a},\ \frac{-b^2+4ac}{4a}\right)$$

とわかる。よって，放物線の頂点の y 座標が 2 であることから

$$\frac{-b^2+4ac}{4a}=2 \quad ② \quad →ク$$

がいえる。

また，$ax^2+bx+c=0$ とすると，$x=\dfrac{-b\pm\sqrt{b^2-4ac}}{2a}$ であるから，$a<0$ であることに注意して，放物線と x 軸との交点について，右側の交点の x 座標が $\dfrac{-b-\sqrt{b^2-4ac}}{2a}$，左側の交点の x 座標が $\dfrac{-b+\sqrt{b^2-4ac}}{2a}$ である。放物線 $y=ax^2+bx+c$ において，x 軸との交点と軸との距離が 2 であることから

$$-\frac{b}{2a}-\frac{-b+\sqrt{b^2-4ac}}{2a}=\frac{-\sqrt{b^2-4ac}}{2a}=2 \quad ⑧ \quad →ケ$$

がいえる。

また，b^2-4ac を D で表すと，$D>0$ であり

$$-\frac{D}{4a}=2 \quad かつ \quad -\frac{\sqrt{D}}{2a}=2$$

より

$$\sqrt{D}=2, \quad a=-\frac{1}{2} \ (<0)$$

と求まる。

図5の三角形 ABC は正三角形なので，BC の中点と A との距離は，$2 \times \sqrt{3} = 2\sqrt{3}$ である。

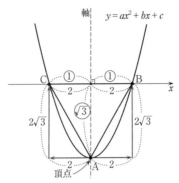

頂点から左右の移動量が 2 のとき，$y = ax^2$ $(a>0)$ では，頂点から上下の移動量が $a \cdot 2^2 = 4a$ となる。これが $2\sqrt{3}$ であることから，$a = \dfrac{\sqrt{3}}{2}$ とわかる。　⑥　→コ

図6において AD と x 軸との交点を H とすると，$D'H = DH$ より

$$V = \frac{1}{3} \cdot \triangle ABC \cdot D'H$$

$$= \frac{1}{3} \cdot \left(\frac{1}{2} \cdot BC \cdot AH \right) \cdot DH$$

$$= \frac{1}{3} \cdot \frac{1}{2} \cdot 4 \cdot AH \cdot DH$$

$$= \frac{\boxed{2}}{\boxed{3}} \cdot AH \cdot DH \quad \cdots\cdots ① \quad →サ, シ$$

と表される。

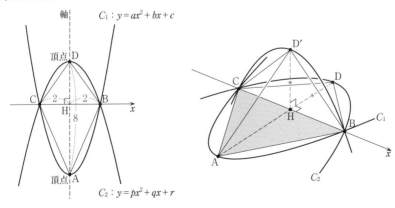

「頂点から左右の移動量」と「頂点から上下の移動量」に着目すると

$$\mathrm{AH} = 2^2|a| = \boxed{4}|a|, \quad \mathrm{DH} = 2^2|p| = \boxed{4}|p| \quad \rightarrow \text{ス, セ}$$

と表されることがわかる。

よって，AD = AH + DH = 8 より

$$4|a| + 4|p| = 8 \quad \cdots\cdots ②$$

である。C_1 は下に凸の放物線なので $a>0$，C_2 は上に凸の放物線なので $p<0$ であることに注意すると，②は

$$4a - 4p = 8 \quad \text{つまり} \quad p = a - 2$$

となる。AH = $4a$，DH = $-4p$ であるから，DH = $-4(a-2)$ である。

これらを①に代入して

$$V = \frac{2}{3} \cdot 4a \cdot \{-4(a-2)\} = -\frac{32}{3}a(a-2)$$

$$= -\frac{\boxed{32}}{\boxed{3}}\left(a^2 - \boxed{2}\,a\right) \quad \rightarrow \text{ソタ, チ, ツ}$$

となる。

$p<0$ より，$a-2<0$ となり，$a<2$ であるから，$a\ (>0)$ のとり得る値の範囲は

$$0 < a < \boxed{2} \quad \rightarrow \text{テ}$$

となる。すると

$$V = -\frac{32}{3}(a^2 - 2a) = -\frac{32}{3}(a-1)^2 + \frac{32}{3}$$

は，$0<a<2$ において，$a = \boxed{1}$ のとき，最大値 $\dfrac{\boxed{32}}{\boxed{3}}$ をとる。　→ト, ナニ, ヌ

このとき

$$p = a - 2 = 1 - 2 = \boxed{-1} \quad \rightarrow \text{ネノ}$$

となり，C_1 と折る前の C_2 が x 軸に関して対称な位置にある。

したがって，C_2 の式は

$$-y = ax^2 + bx + c \quad \text{つまり} \quad y = -ax^2 - bx - c$$

であることから，$-b = q$ より

$$b + q = \boxed{0} \quad \rightarrow \text{ハ}$$

および，$-c = r$ より

$$c + r = \boxed{0} \quad \rightarrow \text{ヒ}$$

が成り立つ。

(注)　最後の議論は，$C_1 : y = x^2 + bx + c$ と $C_2 : y = -x^2 + qx + r$ の式を辺々加えて得られる

$$2y = (b+q)x + (c+r) \quad \text{つまり} \quad y = \frac{b+q}{2}x + \frac{c+r}{2}$$

が2つの放物線の2交点を通る直線 BC の方程式 $y=0$ と一致することから

$$b+q = 0, \quad c+r = 0$$

としてもよい。

これより，$C_1 : y = x^2 + bx + c$ と $C_2 : y = -x^2 - bx - c$ は x 軸に関して対称であると考えることもできる。

解説

本問は，2次関数についての認識を問題文を読み進めながら学習し，学んだ発想を活かして問題を解決していくというストーリー性のある内容である。

$C : y = ax^2 + bx + c$ において，$y = a\left(x + \dfrac{b}{2a}\right)^2 + \dfrac{-b^2 + 4ac}{4a}$ と平方完成して，上に凸か下に凸か，軸がどこにあるのか，y 軸とどこで交わっているのかという情報をもとに a, b, c の符号を判定することが多い。

本問では，放物線 $y = ax^2 + bx + c$ と直線 $y = bx + c$ の位置関係から a, b, c の符号を判定しようとしている。直線 $y = bx + c$ の傾き b, y 切片 c を読み取ることは簡単なので，前に述べた方法よりも要領よく判断することができる。

次にグラフの"開き具合"に関する設問が続く。ここで理解を深めることで，後半の 問題 を解くときの解法につながる。

本問のキーワードとして「符号」がある。上に凸，下に凸にしても符号を読み取るし，$|a|$, $|p|$ の絶対値をはずすことについてもそうである。また，$a < 0$ であるから

$$\frac{-b + \sqrt{b^2 - 4ac}}{2a} < \frac{-b - \sqrt{b^2 - 4ac}}{2a}$$

であることに注意しよう。

第4章

データの分析

第 4 章　データの分析

傾向分析

　『数学Ⅰ・数学A』では，15 点分が出題されており，2023 年度追試験のように，内容の異なる中間〔2〕〔3〕に分かれて出題されることもあります。新課程の『数学Ⅰ，数学A』の試作問題でも，第 2 問〔2〕で 15 点分が出題されました。

　平均値，分散，標準偏差，相関係数の意味や，データの散らばりや相関などを扱う単元で，新課程では，外れ値や仮説検定の考え方が追加されており，試作問題もそれらの項目を含む問題となっています。もともと具体的な統計を扱う分野なので，実用的な設定での出題が多く，穴埋め式の問題よりもグラフの読み取りやデータの扱い方についての選択肢の問題が多くなっています。

■ 共通テストでの出題項目

試　験	大　問	出題項目	配　点
新課程 試作問題	第 2 問〔2〕 (演習問題 4－1)	外れ値，散布図，箱ひげ図，仮説検定 会話設定　実用設定	15 点
2023 本試験	第 2 問〔1〕	ヒストグラム，箱ひげ図，データの相関 実用設定	15 点
2023 追試験	第 2 問〔2〕	データの値の総和，平均値，分散 実用設定	6 点
	第 2 問〔3〕	平均値，共分散，標準偏差，相関係数	9 点
2022 本試験	第 2 問〔2〕	ヒストグラム，箱ひげ図，データの相関 実用設定	15 点
2022 追試験	第 2 問〔2〕	標準偏差，相関係数，箱ひげ図，散布図 実用設定	15 点
2021 本試験 (第 1 日程)	第 2 問〔2〕	箱ひげ図，ヒストグラム，データの相関 実用設定	15 点
2021 本試験 (第 2 日程)	第 2 問〔2〕 (演習問題 4－2)	散布図，ヒストグラム，平均値，分散 実用設定	15 点

■ 学習指導要領における内容

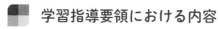

ア．次のような知識及び技能を身に付けること。
　（ア）　分散，標準偏差，散布図及び相関係数の意味やその用い方を理解すること。
　（イ）　コンピュータなどの情報機器を用いるなどして，データを表やグラフに整理したり，分散や標準偏差などの基本的な統計量を求めたりすること。
　（ウ）　具体的な事象において仮説検定の考え方を理解すること。

イ．次のような思考力，判断力，表現力等を身に付けること。
　（ア）　データの散らばり具合や傾向を数値化する方法を考察すること。
　（イ）　目的に応じて複数の種類のデータを収集し，適切な統計量やグラフ，手法などを選択して分析を行い，データの傾向を把握して事象の特徴を表現すること。
　（ウ）　不確実な事象の起こりやすさに着目し，主張の妥当性について，実験などを通して判断したり，批判的に考察したりすること。

問題 **4 — 1**

試作問題　第2問〔2〕

　太郎さんと花子さんは，社会のグローバル化に伴う都市間の国際競争におい
て,都市周辺にある国際空港の利便性が重視されていることを知った.そこで,
日本を含む世界の主な 40 の国際空港それぞれから最も近い主要ターミナル駅
へ鉄道等で移動するときの「移動距離」，「所要時間」，「費用」を調べた。
なお，「所要時間」と「費用」は各国とも午前 10 時台で調査し，「費用」は調
査時点の為替レートで日本円に換算した。

　　　以下では，データが与えられた際，次の値を外れ値とする。

　　　　「(第 1 四分位数)－1.5×(四分位範囲)」以下のすべての値
　　　　「(第 3 四分位数)＋1.5×(四分位範囲)」以上のすべての値

⑴　次のデータは，40 の国際空港からの「移動距離」（単位はkm）を並べたも
　　のである。

56	48	47	42	40	38	38	36	28	25
25	24	23	22	22	21	21	20	20	20
20	20	19	18	16	16	15	15	14	13
13	12	11	11	10	10	10	8	7	6

　このデータにおいて，四分位範囲は $\boxed{アイ}$ であり，外れ値の個数は $\boxed{ウ}$ である。

⑵　図 1 は「移動距離」と「所要時間」の散布図，図 2 は「所要時間」と「費用」の散布図，図 3 は「費用」と「移動距離」の散布図である。ただし，白丸は日本の空港，黒丸は日本以外の空港を表している。また，「移動距離」，「所要時間」，「費用」の平均値はそれぞれ 22，38，950 であり，散布図に実線で示している。

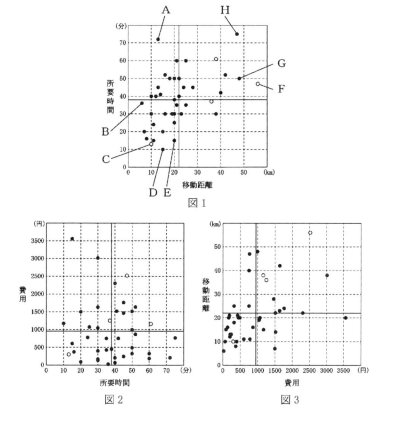

図 1

図 2

図 3

(i) 40 の国際空港について，「所要時間」を「移動距離」で割った「1 km あたりの所要時間」を考えよう。外れ値を＊で示した「1 km あたりの所要時間」の箱ひげ図は ☐エ☐ であり，外れ値は図 1 の A〜H のうちの ☐オ☐ と ☐カ☐ である。

☐エ☐ については，最も適当なものを，次の ⓪〜④ のうちから一つ選べ。

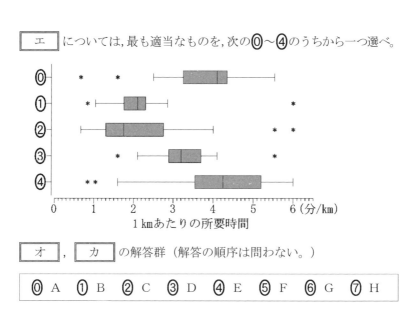

1 km あたりの所要時間

☐オ☐ ，☐カ☐ の解答群（解答の順序は問わない。）

⓪ A　① B　② C　③ D　④ E　⑤ F　⑥ G　⑦ H

(ii) ある国で，次のような新空港が建設される計画があるとする。

移動距離（km）	所要時間（分）	費用（円）
22	38	950

次の（I），（II），（III）は，40 の国際空港にこの新空港を加えたデータに関する記述である。

（I）　新空港は，日本の四つのいずれの空港よりも，「費用」は高いが「所要時間」は短い。

（II）　「移動距離」の標準偏差は，新空港を加える前後で変化しない。

（III）　図 1，図 2，図 3 のそれぞれの二つの変量について，変量間の相関係数は，新空港を加える前後で変化しない。

（I），（II），（III）の正誤の組合せとして正しいものは ☐キ☐ である。

キ　の解答群

	⓪	①	②	③	④	⑤	⑥	⑦
（Ⅰ）	正	正	正	正	誤	誤	誤	誤
（Ⅱ）	正	正	誤	誤	正	正	誤	誤
（Ⅲ）	正	誤	正	誤	正	誤	正	誤

(3)　太郎さんは，調べた空港のうちの一つであるP空港で，利便性に関する
アンケート調査が実施されていることを知った。

太郎：P空港を利用した30人に，P空港は便利だと思うかどうかをた
　　　ずねたとき，どのくらいの人が「便利だと思う」と回答したら，
　　　P空港の利用者全体のうち便利だと思う人の方が多いとしてよい
　　　のかな。
花子：例えば，20人だったらどうかな。

4
-
1

　　二人は，30人のうち20人が「便利だと思う」と回答した場合に，「P空
港は便利だと思う人の方が多い」といえるかどうかを，次の**方針**で考えるこ
とにした。

方針
・"P空港の利用者全体のうちで「便利だと思う」と回答する割合と，
　「便利だと思う」と回答しない割合が等しい"という仮説をたてる。
・この仮説のもとで，30人抽出したうちの20人以上が「便利だと思う」
　と回答する確率が5%未満であれば，その仮説は誤っていると判断し，
　5%以上であれば，その仮説は誤っているとは判断しない。

　次の**実験結果**は，30枚の硬貨を投げる実験を1000回行ったとき，表が出た枚数ごとの回数の割合を示したものである。

実験結果

表の枚数	0	1	2	3	4	5	6	7	8	9	
割合	0.0%	0.0%	0.0%	0.0%	0.0%	0.0%	0.0%	0.0%	0.1%	0.8%	
表の枚数	10	11	12	13	14	15	16	17	18	19	
割合	3.2%	5.8%	8.0%	11.2%	13.8%	14.4%	14.1%	9.8%	8.8%	4.2%	
表の枚数	20	21	22	23	24	25	26	27	28	29	30
割合	3.2%	1.4%	1.0%	0.0%	0.1%	0.0%	0.1%	0.0%	0.0%	0.0%	0.0%

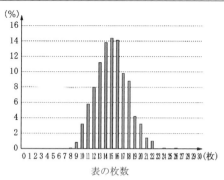

表の枚数

　実験結果を用いると，30枚の硬貨のうち20枚以上が表となった割合は $\boxed{\text{ク}}$. $\boxed{\text{ケ}}$ ％である。これを，30人のうち20人以上が「便利だと思う」と回答する確率とみなし，**方針**に従うと，「便利だと思う」と回答する割合と，「便利だと思う」と回答しない割合が等しいという仮説は $\boxed{\text{コ}}$ ，P空港は便利だと思う人の方が $\boxed{\text{サ}}$ 。

$\boxed{\text{コ}}$ ， $\boxed{\text{サ}}$ については，最も適当なものを，次のそれぞれの解答群から一つずつ選べ。

$\boxed{\text{コ}}$ の解答群

⓪　誤っていると判断され	①　誤っているとは判断されず

$\boxed{\text{サ}}$ の解答群

⓪　多いといえる	①　多いとはいえない

問題 **4** — **1**

解答記号	アイ	ウ	エ	オ，カ	キ	ク．ケ	コ	サ
正　解	12	3	②	⓪，① (解答の順序は問わない)	⑥	5.8	①	①
チェック								

《外れ値，散布図，箱ひげ図，仮説検定》 `会話設定` `実用設定`

(1)　40 の国際空港からの「移動距離」（単位は km）を並べたデータについて考える。

第 1 四分位数は，小さい方から 10 番目と 11 番目のデータの平均値を求めて，

$\dfrac{13+13}{2}=13$ である。

第 3 四分位数は，小さい方から 30 番目と 31 番目のデータの平均値を求めて，

$\dfrac{25+25}{2}=25$ である。

よって，四分位範囲は $25-13=\boxed{12}$ →**アイ** である。

（第 1 四分位数）$-1.5×$（四分位範囲）を計算すると，$13-1.5×12=13-18=-5$ となる。データの最小値は 6 であり，-5 以下のデータはない。

（第 3 四分位数）$+1.5×$（四分位範囲）を計算すると，$25+1.5×12=25+18=43$ となる。データのなかで 43 以上のデータは 47，48，56 の 3 個である。

よって，外れ値の個数は $0+3$ より $\boxed{3}$ →**ウ** である。

(2)　(i)　40 の国際空港について，「所要時間」を「移動距離」で割った「1km あたりの所要時間」を考える。「1km あたりの所要時間」の箱ひげ図は，外れ値を＊で示しているが，ここでは 40 のデータすべてに対して「所要時間」を「移動距離」で割り「1km あたりの所要時間」を小さい順に並べ直し，第 1 四分位数，第 3 四分位数から四分位範囲を求めて外れ値を求める必要はない。求める「1km あたりの所要時間」は，散布図において原点を通る直線の傾きとして読み取ることができる。

まず，「1km あたりの所要時間」の小さい方，大きい方のどちらに外れ値があるのだろうか。原点を通る直線が点 B $(6,\ 37)$ を通るとき直線の傾きは 6.2 であり，点 A $(13,\ 72)$ を通るとき直線の傾きは 5.5 である。この 2 つが外れ値かどうかは調べてみないとわからないが，他と比べて極めて大きな値をとっている。この 2 つのデータが存在することから，候補は②と④に絞られる。そして，傾きが大きい方

から3つ目の値は点 (10, 40) のときの傾き4.0であることから，第2四分位数（中央値）がおよそ4.25である④は候補から外れる。よって，外れ値を＊で示した「1kmあたりの所要時間」の箱ひげ図は $\boxed{②}$ →エであり，外れ値は図1のA～HのうちのAとBである。 $\boxed{⓪}$, $\boxed{①}$ →オ，カ

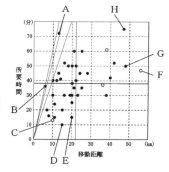

参考 ②の箱ひげ図について調べてみよう。概算で計算してみる。原点を通る直線の傾きを考えて，第1四分位数は点 (23, 30) を通るときの1.3，第3四分位数は点 (18, 50) を通るときの2.8である。よって，四分位範囲は2.8−1.3＝1.5である。

（第1四分位数）−1.5×（四分位範囲）を計算すると，1.3−1.5×1.5＝−0.95となる。データの最小値は点 (14, 10) を通るときのおよそ0.7であり，−0.95以下のデータはない。

（第3四分位数）＋1.5×（四分位範囲）を計算すると，2.8＋1.5×1.5＝5.05となる。データのなかで5.05以上のものは5.5，6.2の2つである。

これらと箱ひげ図を比較してみると，確かに②がデータを的確に表している箱ひげ図であることがわかる。

(ii) (I), (II), (III)は，ある国で建設される計画がある移動距離22km，所要時間38分，費用950円の新空港を40の国際空港に加えたデータに関する記述である。ここで，新空港の「移動距離」，「所要時間」，「費用」は，40の国際空港の「移動距離」，「所要時間」，「費用」の平均値と全く同じであることに注目しよう。

(I) 日本の四つの空港の「費用」はおよそ350円，1200円，1300円，2500円，「所要時間」はおよそ12分，37分，47分，62分である。新空港の費用が950円，所要時間が38分だから，「費用」，「所要時間」のいずれの記述に関しても誤りである（試験ではどちらかだけを確かめればよい）。

(II) 「移動距離」のデータを $x_1, x_2, \cdots, x_{40}, x_{41}$（$x_{41}$ が新空港の22）とする。新空港を加える前の分散を $s_0{}^2$，新空港を加えた後の分散を s^2 とおく。ここで，$x_{41}=22$ であることから

$$s^2 = \frac{(x_1-22)^2+(x_2-22)^2+\cdots+(x_{40}-22)^2+(x_{41}-22)^2}{41}$$

$$= \frac{(x_1-22)^2+(x_2-22)^2+\cdots+(x_{40}-22)^2+(22-22)^2}{41}$$

$$= \frac{(x_1-22)^2+(x_2-22)^2+\cdots+(x_{40}-22)^2}{41}$$

$$< \frac{(x_1-22)^2+(x_2-22)^2+\cdots+(x_{40}-22)^2}{40} = s_0{}^2$$

標準偏差は分散の正の平方根であるから，「移動距離」の標準偏差も，新空港を加えると減少するので，この記述は**誤り**である。

(Ⅲ)　変量 x の 41 個のデータを x_1, x_2, $\cdots$, x_{40}, x_{41}（x_{41} が新空港のデータ），変量 y の 41 個のデータを y_1, y_2, $\cdots$, y_{40}, y_{41}（y_{41} が新空港のデータ）とする。$x_{41}=\bar{x}$, $y_{41}=\bar{y}$ であることから，相関係数 r_{xy} は

$$r_{xy}=\frac{\dfrac{1}{41}\{(x_1-\bar{x})(y_1-\bar{y})+\cdots+(x_{40}-\bar{x})(y_{40}-\bar{y})+(x_{41}-\bar{x})(y_{41}-\bar{y})\}}{\sqrt{\dfrac{1}{41}\{(x_1-\bar{x})^2+\cdots+(x_{40}-\bar{x})^2+(x_{41}-\bar{x})^2\}}\cdot\sqrt{\dfrac{1}{41}\{(y_1-\bar{y})^2+\cdots+(y_{40}-\bar{y})^2+(y_{41}-\bar{y})^2\}}}$$

$$=\frac{(x_1-\bar{x})(y_1-\bar{y})+\cdots+(x_{40}-\bar{x})(y_{40}-\bar{y})}{\sqrt{\{(x_1-\bar{x})^2+\cdots+(x_{40}-\bar{x})^2\}}\cdot\sqrt{\{(y_1-\bar{y})^2+\cdots+(y_{40}-\bar{y})^2\}}}$$

$$(\because\quad x_{41}-\bar{x}=0,\ y_{41}-\bar{y}=0)$$

$$=\frac{\dfrac{1}{40}\{(x_1-\bar{x})(y_1-\bar{y})+\cdots+(x_{40}-\bar{x})(y_{40}-\bar{y})\}}{\sqrt{\dfrac{1}{40}\{(x_1-\bar{x})^2+\cdots+(x_{40}-\bar{x})^2\}}\cdot\sqrt{\dfrac{1}{40}\{(y_1-\bar{y})^2+\cdots+(y_{40}-\bar{y})^2\}}}$$

となり，これは，新空港を加える前の相関係数である。この変量 x, y は「移動距離」，「所要時間」，「費用」のいずれにも当てはめることができるので，二つずつ組合せることにより，図1，図2，図3のそれぞれの二つの変量について，変量間の相関係数は，新空港を加える前後で変化しないという記述は**正しい**。

(Ⅰ)，(Ⅱ)，(Ⅲ)の正誤の組合せとして正しいものは　⑥　→**キ**　である。

(3)　太郎さんは，調べた空港のうちの一つであるP空港で，利便性に関するアンケート調査が実施されていることを知った。

太郎さんと花子さんの二人は，30 人のうち 20 人が「便利だと思う」と回答した場合に，「P空港は便利だと思う人の方が多い」といえるかどうかを，方針を立てて考えることにした。

ここで，30 枚の硬貨を投げる実験を 1000 回行う試行について考える。実験結果より，30 枚の硬貨のうち 20 枚以上が表になった割合は実験結果の 20 枚以上 30 枚以下の割合を足せばよいので

$$3.2+1.4+1.0+0.1+0.1=\boxed{5}.\boxed{8}\ \rightarrow\textbf{ク，ケ}\ \%である。$$

ここから，P空港のアンケート調査の内容に戻り，これを 30 人のうち 20 人以上が「便利だと思う」と回答する確率とみなすというのである。

┌─ 方針 ─────────────────────────
・**仮説**：P空港の利用者全体のうちで「便利だと思う」と回答する割合と，「便利だと思う」と回答しない割合が等しい。

- この仮説のもとで，30人抽出したうちの20人以上が「便利だと思う」と回答する確率が5％未満であれば，その仮説は誤っていると判断し，5％以上であれば，その仮説は誤っているとは判断しない。

ここで，実験結果は5.8％なので，5％以上であり，「便利だと思う」と回答する割合と，「便利だと思う」と回答しない割合が等しいという仮説は**誤っているとは判断されず**　①　→コ，P空港は便利だと思う人の方が**多いとはいえない。**　①　→サ

解説

(1)　まず，第1四分位数，第3四分位数を求めよう。40個のデータが10個ずつ4段で，わかりやすく記されている。それから四分位範囲を求め，外れ値が定義されているので，これらから，外れ値を求める。

(2)　(i)　三つの変量「移動距離」，「所要時間」，「費用」を二つずつ組合せた図1，図2，図3の散布図がある。まず，図1において「所要時間」を「移動距離」で割った「1kmあたりの所要時間」を考える。外れ値を＊で示した「1kmあたりの所要時間」の箱ひげ図を選択する問題である。外れ値自体は先ほどの定義に当てはめて計算しなければならないが，外れ値がどれかということよりも，他と比べて明らかに大きな値や小さな値に注目するとよい。

〔解答〕で示した方法以外にも，いくらでも判断するためのポイントはあるので，できるだけ要領よく少ない手順で②を選択しよう。〔参考〕で②が図1を表す箱ひげ図であることの確認をしているので，目を通しておくとよい。選択する過程で外れ値がどれかもわかる。試験の際には，丁寧に②であるということを確認している時間はない。他との区別ができた時点で解答しよう。

(ii)　新空港の「移動距離」，「所要時間」，「費用」は，40の国際空港の「移動距離」，「所要時間」，「費用」の平均値と同じであるということをわかったうえで解答すること。そうでなければ，この設問が問うている意味もわからないし，判断のしようがなくなる。$x_{41} - \bar{x} = 0$，$y_{41} - \bar{y} = 0$ であることがわかっても丁寧に定義に当てはめて，どのような計算処理になるのかを考えて答えること。そうしないと，(II)，(III)で誤答してしまう可能性があるので，注意しよう。

(3)　空港の利便性について，「そうか，このように方針を立てたのか」と理解しながら問題文を読み始めると，突然30枚の硬貨を投げる実験の話になり，最初は戸惑うかもしれない。しかし，読み進めると，この実験結果を用いて，30枚の硬貨のうち20枚以上が表となった割合を，30人のうち20人以上がP空港を「便利だと思う」と回答する確率とみなすということで，空港の利便性のテーマに戻ってくる。太郎さんは，P空港で利便性に関するアンケート調査が実施されていることを知っているだけで，どのような結果になったかわからないだろうから，自分で勝手にデ

ータを作成すると，自分の意思が入った意図的なものになってしまうので，それに代わる実験結果を探したのだろう。「仮説」も，またその仮説が誤っていると判断する，誤っているとは判断しないの境界が5％であることの，どちらも太郎さんと花子さんが決めたことであるが，「方針に従うと」とあるので，その状況を受け入れて解答を進めていこう。

4
－
1

問題　4 — 2

2021 年度第 2 日程　第 2 問〔 2 〕

　　総務省が実施している国勢調査では都道府県ごとの総人口が調べられており，その内訳として日本人人口と外国人人口が公表されている。また，外務省では旅券(パスポート)を取得した人数を都道府県ごとに公表している。加えて，文部科学省では都道府県ごとの小学校に在籍する児童数を公表している。

　　そこで，47 都道府県の，人口 1 万人あたりの外国人人口(以下，外国人数)，人口 1 万人あたりの小学校児童数(以下，小学生数)，また，日本人 1 万人あたりの旅券を取得した人数(以下，旅券取得者数)を，それぞれ計算した。

⑴　図 1 は，2010 年における 47 都道府県の，旅券取得者数(横軸)と小学生数(縦軸)の関係を黒丸で，また，旅券取得者数(横軸)と外国人数(縦軸)の関係を白丸で表した散布図である。

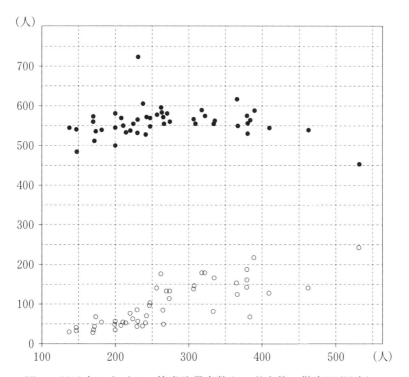

図1 　2010 年における，旅券取得者数と小学生数の散布図（黒丸），

旅券取得者数と外国人数の散布図（白丸）

（出典：外務省，文部科学省および総務省の Web ページにより作成）

次の(I)，(II)，(III)は図 1 の散布図に関する記述である。

(I)　小学生数の四分位範囲は，外国人数の四分位範囲より大きい。

(II)　旅券取得者数の範囲は，外国人数の範囲より大きい。

(III)　旅券取得者数と小学生数の相関係数は，旅券取得者数と外国人数の

相関係数より大きい。

(I)，(II)，(III) の正誤の組合せとして正しいものは 　ア　 である。

$\boxed{\quad ア \quad}$ の解答群

	⓪	①	②	③	④	⑤	⑥	⑦
(I)	正	正	正	正	誤	誤	誤	誤
(II)	正	正	誤	誤	正	正	誤	誤
(III)	正	誤	正	誤	正	誤	正	誤

(2)　一般に，度数分布表

階級値	x_1	x_2	x_3	x_4	$\cdots$	x_k	計
度数	f_1	f_2	f_3	f_4	$\cdots$	f_k	n

が与えられていて，各階級に含まれるデータの値がすべてその階級値に等しいと仮定すると，平均値 $\bar{x}$ は

$$\bar{x} = \frac{1}{n}(x_1 f_1 + x_2 f_2 + x_3 f_3 + x_4 f_4 + \cdots + x_k f_k)$$

で求めることができる。さらに階級の幅が一定で，その値が h のときは

$$x_2 = x_1 + h,\ x_3 = x_1 + 2h,\ x_4 = x_1 + 3h,\ \cdots,\ x_k = x_1 + (k-1)h$$

に注意すると

$$\bar{x} = \boxed{\quad イ \quad}$$

と変形できる。

$\boxed{\quad イ \quad}$ については，最も適当なものを，次の⓪〜④のうちから一つ選べ。

⓪　$\dfrac{x_1}{n}(f_1 + f_2 + f_3 + f_4 + \cdots + f_k)$

①　$\dfrac{h}{n}(f_1 + 2f_2 + 3f_3 + 4f_4 + \cdots + kf_k)$

②　$x_1 + \dfrac{h}{n}(f_2 + f_3 + f_4 + \cdots + f_k)$

③　$x_1 + \dfrac{h}{n}\{f_2 + 2f_3 + 3f_4 + \cdots + (k-1)f_k\}$

④　$\dfrac{1}{2}(f_1 + f_k)x_1 - \dfrac{1}{2}(f_1 + kf_k)$

　図 2 は，2008 年における 47 都道府県の旅券取得者数のヒストグラムである。なお，ヒストグラムの各階級の区間は，左側の数値を含み，右側の数値を含まない。

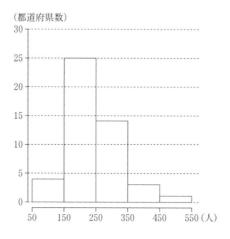

図 2　2008 年における旅券取得者数のヒストグラム

（出典：外務省の Web ページにより作成）

　図2のヒストグラムに関して，各階級に含まれるデータの値がすべてその階級値に等しいと仮定する。このとき，平均値$\bar{x}$は小数第1位を四捨五入すると　ウエオ　である。

(3)　一般に，度数分布表

階級値	x_1	x_2	$\cdots$	x_k	計
度数	f_1	f_2	$\cdots$	f_k	n

が与えられていて，各階級に含まれるデータの値がすべてその階級値に等しいと仮定すると，分散s^2は

$$s^2 = \frac{1}{n}\left\{(x_1 - \bar{x})^2 f_1 + (x_2 - \bar{x})^2 f_2 + \cdots + (x_k - \bar{x})^2 f_k\right\}$$

で求めることができる。さらにs^2は

$$s^2 = \frac{1}{n}\left\{(x_1^2 f_1 + x_2^2 f_2 + \cdots + x_k^2 f_k) - 2\bar{x} \times \boxed{\text{カ}} + (\bar{x})^2 \times \boxed{\text{キ}}\right\}$$

と変形できるので

$$s^2 = \frac{1}{n}(x_1^2 f_1 + x_2^2 f_2 + \cdots + x_k^2 f_k) - \boxed{\text{ク}} \quad \cdots\cdots\cdots\cdots ①$$

である。

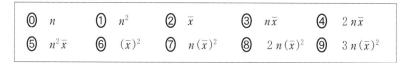

⓪	n	①	n^2	②	$\bar{x}$	③	$n\bar{x}$	④	$2\,n\bar{x}$

⓪　n　　①　n^2　　②　$\bar{x}$　　③　$n\bar{x}$　　④　$2\,n\bar{x}$

⑤　$n^2\bar{x}$　　⑥　$(\bar{x})^2$　　⑦　$n\,(\bar{x})^2$　　⑧　$2\,n\,(\bar{x})^2$　　⑨　$3\,n\,(\bar{x})^2$

　図3は，図2を再掲したヒストグラムである。

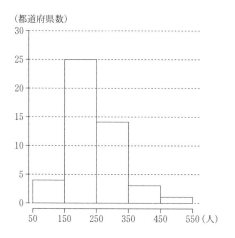

図3　2008年における旅券取得者数のヒストグラム

（出典：外務省の Web ページにより作成）

　図3のヒストグラムに関して，各階級に含まれるデータの値がすべてその階級値に等しいと仮定すると，平均値 $\bar{x}$ は(2)で求めた ウエオ である。 ウエオ の値と式①を用いると，分散 s^2 は ケ である。

　 ケ については，最も近いものを，次の⓪～⑦のうちから一つ選べ。

⓪	3900	①	4900	②	5900	③	6900
④	7900	⑤	8900	⑥	9900	⑦	10900

問題 **4 — 2**

解答記号	ア	イ	ウエオ	カ	キ	ク	ケ
正　解	⑤	③	240	③	⓪	⑥	③
チェック							

《散布図，ヒストグラム，平均値，分散》　　　　　　　（実用設定）

(1)　図1の散布図に関して考える。

(I)の内容について。黒丸の縦軸の目盛りと白丸の縦軸の目盛りをみて，小学生数の四分位範囲は外国人数の四分位範囲より小さいと判断できるので，**誤り**である。

(II)の内容について。横軸の目盛りをみると，旅券取得者数の範囲は

$$約\ 530 - 135 = 395$$

であるのに対し，白丸の縦軸の目盛りをみると，外国人数の範囲は

$$約\ 240 - 30 = 210$$

であるから，旅券取得者数の範囲は外国人数の範囲より大きいと判断できるので，**正しい**。

(III)の内容について。黒丸の分布の仕方と比べて，白丸の分布の仕方には右上がりの傾向がみられるので，旅券取得者数と小学生数の相関係数は，旅券取得者数と外国人数の相関係数より小さいと判断できるので，**誤り**である。

したがって，(I)，(II)，(III)の正誤の組合せとして正しいものは ⑤ →ア である。

(2)　仮定のもとで，x の平均値 $\bar{x}$ は

$$\bar{x} = \frac{1}{n}(x_1 f_1 + x_2 f_2 + x_3 f_3 + x_4 f_4 + \cdots + x_k f_k)$$

$$= \frac{1}{n}[x_1 f_1 + (x_1 + h)f_2 + (x_1 + 2h)f_3 + (x_1 + 3h)f_4 + \cdots + \{x_1 + (k-1)h\}f_k]$$

$$= \frac{1}{n}[x_1(f_1 + f_2 + f_3 + f_4 + \cdots + f_k) + h\{f_2 + 2f_3 + 3f_4 + \cdots + (k-1)f_k\}]$$

$$= \frac{1}{n} \cdot x_1 \cdot n + \frac{h}{n}\{f_2 + 2f_3 + 3f_4 + \cdots + (k-1)f_k\}$$

$$= x_1 + \frac{h}{n}\{f_2 + 2f_3 + 3f_4 + \cdots + (k-1)f_k\} \qquad ③ \quad →イ$$

と変形できる。

図2および問題の仮定から，次の度数分布表を得る。

階級値	100	200	300	400	500	計
度数	4	25	14	3	1	47

イの式で，$x_1 = 100$，$h = 100$，$n = 47$，$k = 5$，$f_2 = 25$，$f_3 = 14$，$f_4 = 3$，$f_5 = 1$ として

$$\bar{x} = 100 + \frac{100}{47}(25 + 2 \cdot 14 + 3 \cdot 3 + 4 \cdot 1)$$

$$= 100\left(1 + \frac{66}{47}\right) = 100 \times \frac{113}{47} = 240.4\cdots$$

であり，この小数第 1 位を四捨五入すると

$$\boxed{240} \quad \rightarrow \textbf{ウエオ}$$

である。

(3)　仮定のもとで，x の分散 s^2 は

$$s^2 = \frac{1}{n}\left\{\left(x_1 - \bar{x}\right)^2 f_1 + \left(x_2 - \bar{x}\right)^2 f_2 + \cdots + \left(x_k - \bar{x}\right)^2 f_k\right\}$$

$$= \frac{1}{n}\left[\left\{x_1{}^2 - 2x_1\bar{x} + \left(\bar{x}\right)^2\right\}f_1 + \left\{x_2{}^2 - 2x_2\bar{x} + \left(\bar{x}\right)^2\right\}f_2 + \cdots + \left\{x_k{}^2 - 2x_k\bar{x} + \left(\bar{x}\right)^2\right\}f_k\right]$$

$$= \frac{1}{n}\Big\{(x_1{}^2 f_1 + x_2{}^2 f_2 + \cdots + x_k{}^2 f_k) - 2\bar{x}(x_1 f_1 + x_2 f_2 + \cdots + x_k f_k)$$

$$+ \left(\bar{x}\right)^2 \times (f_1 + f_2 + \cdots + f_k)\Big\}$$

$$= \frac{1}{n}\left\{(x_1{}^2 f_1 + x_2{}^2 f_2 + \cdots + x_k{}^2 f_k) - 2\bar{x} \times n\bar{x} + \left(\bar{x}\right)^2 \times n\right\}$$

$$\boxed{③} , \boxed{⓪} \quad \rightarrow \textbf{カ，キ}$$

と変形できる。

これより

$$s^2 = \frac{1}{n}(x_1{}^2 f_1 + x_2{}^2 f_2 + \cdots + x_k{}^2 f_k) - \left(\bar{x}\right)^2 \quad \cdots\cdots① \quad \boxed{⑥} \quad \rightarrow \textbf{ク}$$

である。

図 3 のヒストグラムについて，(2)で得た $\bar{x} = 240$ と式①を用いると，$x_1 = 100$，$x_2 = 200$，$x_3 = 300$，$x_4 = 400$，$x_5 = 500$，$n = 47$，$k = 5$，$f_1 = 4$，$f_2 = 25$，$f_3 = 14$，$f_4 = 3$，$f_5 = 1$ として，分散 s^2 は

$$s^2 = \frac{1}{47}(100^2 \times 4 + 200^2 \times 25 + 300^2 \times 14 + 400^2 \times 3 + 500^2 \times 1) - 240^2$$

$$= \frac{100^2}{47}(4 + 100 + 126 + 48 + 25) - 240^2$$

$$= \frac{100^2}{47} \times 303 - 240^2 = \frac{322800}{47} \fallingdotseq 6868$$

であり，この値に最も近い選択肢は

6900　　③　　→ケ

である。

━━ 解 説 ━━

　データの分析では，得られたデータを一見して特徴がわかるように視覚的に整理したり，一つの値に代表させて特徴を代表値として抽出することを行う。視覚的な整理の方法として，ヒストグラム，箱ひげ図，散布図などがある。

(1)　図をみて，特徴的な値を読み取る設問である。記述(I)，(II)は一つの変量に関する四分位範囲（＝第3四分位数－第1四分位数）や範囲（＝最大値－最小値）について考える問題である。(I)では散布図を一方の軸の目盛りに注目して箱ひげ図のような見方をすることで，第3四分位数と第1四分位数を正確に求めなくても判断できるであろう。(III)は二つの変量間の相関を読み取る問題であり，散布図で点の分布傾向を読み取れば判断できる。具体的に計算するべき設問なのか，定性的に判断する問題なのかを適切に判断し，なるべく時間をかけずに対処したい。

(2)・(3)　定量的な議論の問題である。「ヒストグラムに関して，各階級に含まれるデータの値がすべてその階級値に等しい」という仮定のもと，(2)は平均値に関する公式を導き，それを用いて具体的に計算する問題，(3)は分散に関する公式を導き，それを用いて具体的に計算する問題である。公式の導出部分は定義と仮定をもとに，誘導にしたがって式変形を進めていけば自然に答えにたどり着く。(3)は分散に関する有名な公式 $s^2 = \overline{(x^2)} - (\bar{x})^2$ を度数分布で考えた題材であり，この公式の証明を経験したことがあれば解きやすかったであろう。

問題 4 － 3

オリジナル問題

10 人の生徒に対して 10 点満点の数学の試験を実施したところ，次のような結果を得た。これをデータ A とよぶことにする。

生徒番号	1	2	3	4	5	6	7	8	9	10
得点	7	7	6	5	10	8	8	6	9	4

(1)　生徒番号 1 から 10 の 10 人の生徒の数学の得点について，平均値は　ア　，中央値は　イ　，分散は　ウ　である。

その後，7 点をとった生徒（生徒番号 1，2 の生徒）に関して，その際の採点に不備があることがわかり，得点を修正した。修正後の 1 番の生徒の得点は 9 点，2 番の生徒の得点は 5 点であった。この修正後のデータをデータ B とよぶことにする。データ A に対して，データ B の平均値は　エ　し，中央値は　オ　し，標準偏差は　カ　する。

エ ～ カ の解答群（同じものを繰り返し選んでもよい。）
⓪　増加　　　　　①　減少　　　　　②　一致

(2)　生徒番号 11 の生徒がテストのとき保健室で受験していた。この生徒の答案を採点したところ，その得点が 7 点であった。生徒番号 11 の生徒の成績をデータ B に追加したデータをデータ C とよぶことにする。すると，データ B に対してデータ C の平均値は　キ　し，中央値は　ク　し，標準偏差は　ケ　する。

キ ～ ケ の解答群（同じものを繰り返し選んでもよい。）
⓪　増加　　　　　①　減少　　　　　②　一致

(3)　翌日，生徒番号 1 から 11 までの 11 人に対し，10 点満点の英語の試験を実施したところ，先日の数学の得点とあわせて次のような結果を得た。

生徒番号	1	2	3	4	5	6	7	8	9	10	11
数学の得点	9	5	6	5	10	8	8	6	9	4	7
英語の得点	8	5	3	4	9	9	6	5	6	3	8

この表をもとに作成した，数学の得点と英語の得点の散布図として正しいものは，次の⓪〜⑤のうち ｜ コ ｜ である。

｜ コ ｜ の解答群

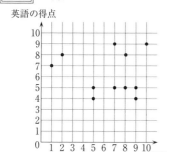

⓪

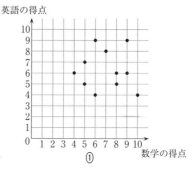

①

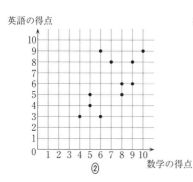

②

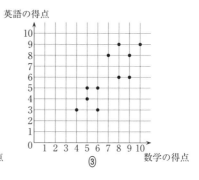

③

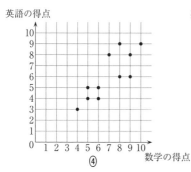

④

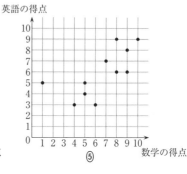

⑤

(4)　11 人の数学と英語の得点についての記述として正しいものは，次の⓪～⑨のうち　サ ，　シ ，　ス である。

サ ～ ス の解答群（解答の順序は問わない。）

⓪　数学の得点が高ければ，英語の得点が高いという因果関係がいえる。

①　数学の得点が高ければ，英語の得点が低いという因果関係がいえる。

②　散布図の縦軸と横軸を逆にすると，相関係数の符号が変わる。

③　散布図の縦軸と横軸を逆にすると，相関係数は逆数値になる。

④　散布図の縦軸と横軸を逆にしても，相関係数は変わらない。

⑤　数学の得点と英語の得点には負の相関関係がある。

⑥　数学の得点と英語の得点には相関関係がない。

⑦　数学の得点と英語の得点には正の相関関係がある。

⑧　数学の得点が高い 6 人と英語の得点が高い 6 人は同じである。

⑨　数学の得点が低い 3 人と英語の得点が低い 3 人は同じである。

問題 4 ― 3　　　　　　　　　　　　　　　解答解説

解答記号	ア	イ	ウ	エ	オ	カ	キ	ク	ケ	コ	サ, シ, ス
正　解	7	7	3	②	②	⓪	②	②	①	③	④, ⑦, ⑧ (解答の順序は問わない)
チェック											

《人数や得点に修正の入るデータの分析》　　　　　　　　（実用設定）

(1)　10人の数学の得点の平均値は

$$\frac{1}{10}(7+7+6+5+10+8+8+6+9+4)$$

$$=\frac{70}{10}=\boxed{7}\quad →ア$$

である。また，データを小さい順に並べると

　　4，5，6，6，7，7，8，8，9，10

となるので，中央値は

$$\frac{7+7}{2}=\boxed{7}\quad →イ$$

である。

さらに，分散は

$$\frac{1}{10}\{0^2+0^2+(-1)^2+(-2)^2+3^2+1^2+1^2+(-1)^2+2^2+(-3)^2\}$$

$$=\frac{30}{10}=\boxed{3}\quad →ウ$$

である。

得点を修正すると，7点をとった生徒2人に関して，1人は2点増え，1人は2点減るので，データの合計は変化せず，平均値は修正前と**一致**する。　$\boxed{②}$　→エ

修正後のデータを小さい順に並べると

　　4，5，5，6，6，8，8，9，9，10

となり，中央値は$\frac{6+8}{2}=7$で，中央値は修正前と**一致**する。　$\boxed{②}$　→オ

修正後も平均値は7のままであるから，2つの7を9と5に修正すると，平均値からともに遠ざかり，平均からの散らばりが大きくなる。平均は変化せず，偏差の2乗の和が大きくなり，人数は変化しないため，分散は大きくなる。よって，分散，標準偏差は修正前より**増加**する。　$\boxed{⓪}$　→カ

(注)　具体的に計算すると，修正後の 10 人のデータにおける偏差の 2 乗の和は

$$30 + (9-7)^2 + (5-7)^2 = 30 + 4 + 4 = 38$$

であるから，データ B の標準偏差は $\sqrt{\dfrac{38}{10}}$ である。

データ A の標準偏差は $\sqrt{\dfrac{30}{10}}$ なので，標準偏差は修正前より増加する。

(2)　生徒番号 11 の生徒を含めた 11 人の得点について，10 人の平均が 7 で，生徒番号 11 の生徒の得点も 7 点であるから，平均値は**一致**する。　②　→キ

11 人のデータを小さい順に並べると

　　4，5，5，6，6，7，8，8，9，9，10

となり，中央値は 7 であり，中央値は**一致**する。　②　→ク

生徒番号 11 の生徒の得点が 7 点で，これは生徒番号 1 から 10 の 10 人の平均値と一致しているので，平均は変化せず，偏差の 2 乗の和も変化せず，同じ正の値をとるが，人数が増えるため，分散は小さくなる。つまり，平均からの散らばりが小さくなる。よって，分散，標準偏差は追加前より**減少**する。　①　→ケ

(注)　具体的に計算すると，10 人のデータにおける偏差の 2 乗の和は 38 であるから，11 人のデータにおける偏差の 2 乗の和は

$$38 + (7-7)^2 = 38$$

であり，データ C の標準偏差は $\sqrt{\dfrac{38}{11}}$ である。データ B の標準偏差は $\sqrt{\dfrac{38}{10}}$ なので，標準偏差は追加前より減少する。

(3)　生徒番号 3 と生徒番号 8 の成績を両方正しく反映しているものは③の散布図のみであり，③の散布図は，他の生徒の成績も正しく反映している。したがって　③　→コ　である。

(4)　散布図からいえることは相関関係の有無であり，因果関係については散布図からは何もいえないので，⓪，①はともに誤り。

また，散布図の軸の取り方を入れ替えても相関係数は変わらないので，②，③はともに誤りで，④は正しい。

(3)で選んだ散布図③を見て判断すると，正の相関関係があることを読み取れることから，⑤，⑥はともに誤りで，⑦は正しい。

⑧，⑨については，得点表から考えることもできるが，(3)で選んだ散布図③を見て判断する方が効率的であろう。これを見ると，数学の得点が高い 6 人と英語の得点が高い 6 人は一致しており，数学の得点が低い 3 人と英語の得点が低い 3 人は一致

していないので，⑧は正しく，⑨は誤り。

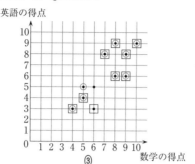

以上より，数学と英語の得点についての記述として正しいものは ④ ， ⑦ ， ⑧ →サ，シ，ス である。

解 説

　本問では，データの追加や修正を受けて，データの代表値の変化を考察する問題などを扱っている。まずは，代表値の定義とその意味をあわせて理解しておくことが大切である。

　例えば，2つのデータ P (49, 51) とデータ Q (1, 99) を比較してみるとき，平均値はともに50であるから，平均値という代表値ではこれら2つのデータの違いは表現できない。データ P ではともに平均値50周辺の値をとっているが，データ Q では平均値からは離れた値をとっている。この平均値に対する集中度合い・散らばり度合いを数値化したものが分散・標準偏差である。偏差（各データの値から平均値を引いたもの）の平均を考えると，プラスマイナスが打ち消しあって常に0となるため，偏差の2乗の平均を考える。2乗することで平均から離れていることを累積して計算できる。この偏差の2乗の平均を分散，分散の負でない平方根を標準偏差という。これらはともに，平均からの散らばり度合いを数値化したものであり，値が大きいほど平均からの散らばりが大きくなっている。

　本問では，データの追加や修正を受けた際，この分散・標準偏差が大きくなるのか小さくなるのかといった定性的な議論を扱った。つまり，定量的にいくら増減したのかを求める必要はなく，分散・標準偏差が平均周りの散らばり度合いを表す指標であることと，データの修正・追加を受けて，平均周りの散らばり度合いがどう変化するかを直感的に把握できれば，定性的な結論は導けるのである。

第5章

図形の性質

第5章　図形の性質

傾向分析

　従来の『数学Ⅰ・数学A』では，選択問題として第5問で20点分が出題されていましたが，新課程の『数学Ⅰ，数学A』では**必答問題**となり，試作問題では第3問で20点分が出題されました。問題の内容は2021年度の第1日程の第5問と共通問題でした。

　方べきの定理やメネラウスの定理など，幾何を扱う単元ですが，新課程でも内容的な変更はありません。共通テストでは，**定理の証明や作図の手順**など，本質的な理解が求められる問題がよく出題されており，中学校で学ぶ相似の知識や三平方の定理などを活用する場面も多いです。

■ 共通テストでの出題項目

試　験	大　問	出題項目	配　点
新課程 試作問題	第3問 （演習問題5－1）	角の二等分線と辺の比，方べきの定理	20点
2023 本試験	第5問	作図，円に内接する四角形，円周角の定理　考察・証明	20点
2023 追試験	第5問	チェバの定理，メネラウスの定理，面積比	20点
2022 本試験	第5問	重心，メネラウスの定理，方べきの定理	20点
2022 追試験	第5問	方べきの定理，メネラウスの定理　考察・証明	20点
2021 本試験 （第1日程）	第5問	角の二等分線と辺の比，方べきの定理	20点
2021 本試験 （第2日程）	第5問 （演習問題5－2）	作図の手順　考察・証明	20点

学習指導要領における内容

> ア．次のような知識及び技能を身に付けること。
> （ア）　三角形に関する基本的な性質について理解すること。
> （イ）　円に関する基本的な性質について理解すること。
> （ウ）　空間図形に関する基本的な性質について理解すること。
>
> イ．次のような思考力，判断力，表現力等を身に付けること。
> （ア）　図形の構成要素間の関係や既に学習した図形の性質に着目し，図形の新たな性質を見いだし，その性質について論理的に考察したり説明したりすること。
> （イ）　コンピュータなどの情報機器を用いて図形を表すなどして，図形の性質や作図について統合的・発展的に考察すること。

問題 **5 — 1**

試作問題　第3問

△ABCにおいて，AB = 3，BC = 4，AC = 5とする。

∠BACの二等分線と辺BCとの交点をDとすると

$$BD = \frac{\boxed{ア}}{\boxed{イ}}, \quad AD = \frac{\boxed{ウ}\sqrt{\boxed{エ}}}{\boxed{オ}}$$

である。

また，∠BAC の二等分線と△ABC の外接円 O との交点で点 A とは異なる点を E とする。△AEC に着目すると

$$AE = \boxed{カ}\sqrt{\boxed{キ}}$$

である。

△ABC の2辺 AB と AC の両方に接し，外接円 O に内接する円の中心を P とする。円 P の半径を r とする。さらに，円 P と外接円 O との接点を F とし，直線 PF と外接円 O との交点で点 F とは異なる点を G とする。このとき

$$AP = \sqrt{\boxed{ク}}\,r, \quad PG = \boxed{ケ} - r$$

と表せる。したがって，方べきの定理により $r = \dfrac{\boxed{コ}}{\boxed{サ}}$ である。

△ABC の内心を Q とする。内接円 Q の半径は $\boxed{シ}$ で, AQ $= \sqrt{\boxed{ス}}$ である。

また, 円 P と辺 AB との接点を H とすると, AH $= \dfrac{\boxed{セ}}{\boxed{ソ}}$ である。

以上から, 点 H に関する次の (a), (b) の正誤の組合せとして正しいものは $\boxed{タ}$ である。

(a)　点 H は 3 点 B, D, Q を通る円の周上にある。

(b)　点 H は 3 点 B, E, Q を通る円の周上にある。

$\boxed{タ}$ の解答群

	⓪	①	②	③
(a)	正	正	誤	誤
(b)	正	誤	正	誤

5
－
1

問題 5 − 1

解答解説

解答記号	$\dfrac{\math{ア}}{\math{イ}}$	$\dfrac{\math{ウ}\sqrt{\math{エ}}}{\math{オ}}$	$\math{カ}\sqrt{\math{キ}}$	$\sqrt{\math{ク}}r$	$\math{ケ}-r$	$\dfrac{\math{コ}}{\math{サ}}$	シ	$\sqrt{\math{ス}}$	$\dfrac{\math{セ}}{\math{ソ}}$	タ
正　解	$\dfrac{3}{2}$	$\dfrac{3\sqrt{5}}{2}$	$2\sqrt{5}$	$\sqrt{5}\,r$	$5-r$	$\dfrac{5}{4}$	1	$\sqrt{5}$	$\dfrac{5}{2}$	①
チェック										

《角の二等分線と辺の比，方べきの定理》

線分 AD は∠BAC の二等分線なので
$$BD:DC=AB:AC=3:5$$
であるから
$$BD=\frac{3}{3+5}BC=\frac{3}{8}\cdot 4=\boxed{\frac{3}{2}}\quad →ア，イ$$

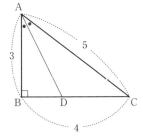

△ABC において
$$AC^2=AB^2+BC^2$$
が成り立つので，三平方の定理の逆より，∠B＝90°である。
直角三角形 ABD に三平方の定理を用いて
$$AD^2=AB^2+BD^2=3^2+\left(\frac{3}{2}\right)^2=\frac{45}{4}$$

AD＞0 より
$$AD=\sqrt{\frac{45}{4}}=\frac{\boxed{3}\sqrt{\boxed{5}}}{\boxed{2}}\quad →ウ，エ，オ$$

また，∠B＝90°なので，円周角の定理の逆より，
△ABC の外接円 O の直径は AC である。
円周角の定理より
$$∠AEC=90°$$
なので，△AEC に着目すると，△AEC と△ABD に
おいて，∠CAE＝∠DAB，∠AEC＝∠ABD＝90°
より，△AEC∽△ABD であるから

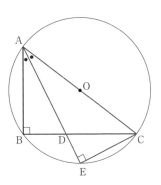

$$AE:AB=AC:AD$$
$$AE:3=5:\frac{3\sqrt{5}}{2}\qquad \frac{3\sqrt{5}}{2}AE=15$$

$$\therefore \quad \mathrm{AE} = 15 \times \frac{2}{3\sqrt{5}} = \boxed{2}\sqrt{\boxed{5}} \quad \rightarrow カ, キ$$

円 P は△ABC の 2 辺 AB，AC の両方に接するので，
円 P の中心 P は∠BAC の二等分線 AE 上にある。
円 P と辺 AB との接点を H とすると

$$\angle \mathrm{AHP} = 90°, \quad \mathrm{HP} = r$$

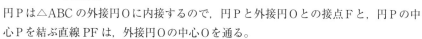

HP∥BD より

$$\mathrm{AP} : \mathrm{AD} = \mathrm{HP} : \mathrm{BD}$$

$$\mathrm{AP} : \frac{3\sqrt{5}}{2} = r : \frac{3}{2} \qquad \frac{3}{2}\mathrm{AP} = \frac{3\sqrt{5}}{2}r$$

$$\therefore \quad \mathrm{AP} = \sqrt{\boxed{5}}\, r \quad \rightarrow ク$$

円 P は△ABC の外接円 O に内接するので，円 P と外接円 O との接点 F と，円 P の中
心 P を結ぶ直線 PF は，外接円 O の中心 O を通る。
これより，FG は外接円 O の直径なので

$$\mathrm{FG} = \mathrm{AC} = 5$$

であり

$$\mathrm{PG} = \mathrm{FG} - \mathrm{FP} = \boxed{5} - r \quad \rightarrow ケ$$

と表せる。
したがって，方べきの定理より

$$\mathrm{AP} \cdot \mathrm{PE} = \mathrm{FP} \cdot \mathrm{PG}$$

$$\mathrm{AP} \cdot (\mathrm{AE} - \mathrm{AP}) = \mathrm{FP} \cdot \mathrm{PG}$$

$$\sqrt{5}\, r (2\sqrt{5} - \sqrt{5}\, r) = r(5 - r)$$

$$4r^2 - 5r = 0 \qquad r(4r - 5) = 0$$

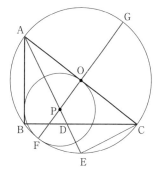

$r > 0$ なので $\quad r = \dfrac{\boxed{5}}{\boxed{4}} \quad \rightarrow コ, サ$

内接円 Q の半径を r' とすると，$(\triangle \mathrm{ABC} の面積) = \dfrac{1}{2}r'(\mathrm{AB} + \mathrm{BC} + \mathrm{CA})$ が成り立つ
ので

$$\frac{1}{2} \cdot 3 \cdot 4 = \frac{1}{2}r'(3 + 4 + 5) \qquad \therefore \quad r' = 1$$

よって，内接円 Q の半径は $\boxed{1} \rightarrow シ$ である。
内接円 Q の中心 Q は，△ABC の内心なので，∠BAC
の二等分線 AD 上にある。
内接円 Q と辺 AB との接点を J とすると

$$\angle \mathrm{AJQ} = 90°, \quad \mathrm{JQ} = r' = 1$$

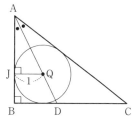

なので，JQ∥BD より

$$AQ : AD = JQ : BD$$

$$AQ : \frac{3\sqrt{5}}{2} = 1 : \frac{3}{2} \qquad \frac{3}{2}AQ = \frac{3\sqrt{5}}{2}$$

$$\therefore \quad AQ = \sqrt{\boxed{5}} \quad →ス$$

である。

また，点Aから円Pに引いた2接線の長さが等しい
ことより

$$AH = AO = \frac{AC}{2} = \frac{\boxed{5}}{\boxed{2}} \quad →セ，ソ$$

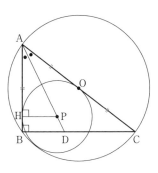

である。このとき

$$AH \cdot AB = \frac{5}{2} \cdot 3 = \frac{15}{2}$$

$$AQ \cdot AD = \sqrt{5} \cdot \frac{3\sqrt{5}}{2} = \frac{15}{2}$$

$$AQ \cdot AE = \sqrt{5} \cdot 2\sqrt{5} = 10$$

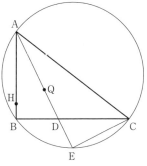

なので，AH・AB＝AQ・AD であるから，方べきの
定理の逆より，4点H，B，Q，Dは同一円周上に
ある。よって，点Hは3点B，D，Qを通る円の周
上にあるので，(a)は正しい。

また，AH・AB≠AQ・AE であるから，4点H，B，Q，Eは同一円周上にない。よ
って，点Hは3点B，E，Qを通る円の周上にないので，(b)は誤り。

以上より，点Hに関する(a)，(b)の正誤の組合せとして正しいものは $\boxed{①}$ →タ であ
る。

解説

　直角三角形の外接円，外接円に内接する円，内接円に関する問題。問題では図が与
えられていないため，正確な図を描くだけでも難しい。また，3つの円を考えていく
ので，設問に合わせた図を何回か描き直す必要があり，時間もかかる。誘導も丁寧に
与えられていないので，行間を思考しながら埋めていかなければならず，平面図形に
おいて成り立つ図形的な性質を理解していないと解き進められない問題も出題されて
いる。問題文の見た目以上に時間のかかる，難易度の高い問題である。

　BDの長さは，線分 AD が∠BACの二等分線なので，角の二等分線と辺の比に関
する定理を用いる。

　△ABC において，$AC^2 = AB^2 + BC^2$ が成り立つので，三平方の定理の逆より，
∠B＝90°であるから，直角三角形 ABD に三平方の定理を用いれば，AD の長さが

求まる。

　∠B＝90°なので，円周角の定理の逆より，△ABC の外接円 O の直径は AC であることがわかり，円周角の定理より，△AEC においても∠AEC＝90°であることがわかる。問題文に「△AEC に着目する」という誘導が与えられているので，△AEC∽△ABD を利用したが，方べきの定理を用いて AD·DE＝BD·DC から DE を求め，AE＝AD＋DE を考えることで AE の長さを求めることもできる。

　一般に，∠YXZ の二等分線から，2辺 XY，XZ へ下ろした垂線の長さは等しい。円 P が△ABC の2辺 AB と AC の両方に接するので，円 P の中心 P は∠BAC の二等分線 AE 上にあることがわかる。この理解がないと，AP：AD＝HP：BD を求めることは難しい。

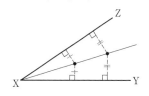

　一般に，内接する2円の接点と，2円の中心は一直線上にある。円 P は△ABC の外接円 O に内接するので，直線 PF は外接円 O の中心 O を通る。この理解がないと，FG＝5 を求めることは難しい。

　AP，PG の長さが求まれば，方べきの定理を用いることは問題文の誘導として与えられているので，ここまでに求めてきた線分の長さも考慮に入れることで，AP·PE＝FP·PG から r を求めることに気付けるだろう。一般に，内接する2円において，内側の円が外側の円の直径にも接するとき，その接点は外側の円の中心とは限らない。この問題では，結果として $r = \dfrac{5}{4}$ が求まるので，円 P が外接円 O の中心 O において外接円 O の直径 AC と接していることがわかる。

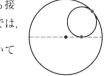

　内接円 Q の半径は，$(\text{△ABC の面積}) = \dfrac{1}{2}r'(AB + BC + CA)$ を利用して求めた。

円外の点から円に引いた2接線の長さが等しいことを利用して，半径 r' を求めることもできる。

　AQ を求める際に AQ：AD＝JQ：BD を利用したが，AJ＝AB－JB＝3－r'＝2，JQ＝r'＝1 であることがわかれば，△AJQ に三平方の定理を用いてもよい。

　AH を求める際に，点 A から円 P に引いた2接線の長さが等しいことを利用したが，HP＝r，AP＝$\sqrt{5}\,r$

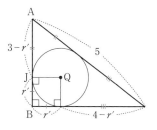

なので，△AHP に三平方の定理を用いる解法も思い付きやすい。

　点 H に関する(a)，(b)の正誤を判断する問題は，これまでに得られた結果を念頭において考える。ここまでの設問で AH，AQ，AD，AE の長さは求まっているので，方べきの定理の逆を用いることに気付きたい。

ポイント 方べきの定理の逆

2つの線分 VW と XY，または，VW の延長と XY の延長どうしが点 Z で交わっているとき

$$ZV \cdot ZW = ZX \cdot ZY$$

が成り立つならば，4点 V，W，X，Y は同一円周上にある。

AH・AB，AQ・AD，AQ・AE の値を計算することで，AH・AB＝AQ・AD が成り立つことがわかるから，方べきの定理の逆より，4点 H，B，D，Q は同一円周上にあることがわかる。また，AH・AB ≠ AQ・AE であるから，方べきの定理の対偶を考えることで，4点 H，B，E，Q は同一円周上にないことがわかる。

問題 **5 ─ 2**

2021 年度第 2 日程　第 5 問

　点 Z を端点とする半直線 ZX と半直線 ZY があり，$0° < \angle XZY < 90°$ とする。また，$0° < \angle SZX < \angle XZY$ かつ $0° < \angle SZY < \angle XZY$ を満たす点 S をとる。点 S を通り，半直線 ZX と半直線 ZY の両方に接する円を作図したい。

　円 O を，次の (Step 1)〜(Step 5) の **手順** で作図する。

┌─ **手順** ─────────────────────────

(Step 1)　∠XZY の二等分線 ℓ 上に点 C をとり，下図のように半直線 ZX と半直線 ZY の両方に接する円 C を作図する。また，円 C と半直線 ZX との接点を D，半直線 ZY との接点を E とする。

(Step 2)　円 C と直線 ZS との交点の一つを G とする。

(Step 3)　半直線 ZX 上に点 H を DG//HS を満たすようにとる。

(Step 4)　点 H を通り，半直線 ZX に垂直な直線を引き，ℓ との交点を O とする。

(Step 5)　点 O を中心とする半径 OH の円 O をかく。

└────────────────────────────────

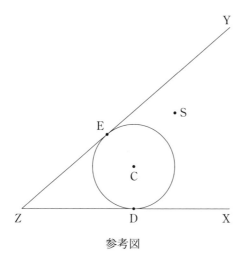

参考図

⑴　(Step 1)～(Step 5)の**手順**で作図した円 O が求める円であることは，次の**構想**に基づいて下のように説明できる。

> ┌─ **構想** ─────────────────────────
> │
> │　円 O が点 S を通り，半直線 ZX と半直線 ZY の両方に接する円であること
> │　を示すには，OH = $\boxed{\quad ア \quad}$ が成り立つことを示せばよい。
> │
> └────────────────────────────────

作図の**手順**より，△ZDG と △ZHS との関係，および △ZDC と △ZHO との関係に着目すると

$$DG : \boxed{\ イ\ } = \boxed{\ ウ\ } : \boxed{\ エ\ }$$
$$DC : \boxed{\ オ\ } = \boxed{\ ウ\ } : \boxed{\ エ\ }$$

であるから，DG : $\boxed{\ イ\ }$ = DC : $\boxed{\ オ\ }$ となる。

　ここで，3 点 S, O, H が一直線上にない場合は，∠CDG = ∠$\boxed{\ カ\ }$ であるので，△CDG と △$\boxed{\ カ\ }$ との関係に着目すると，CD = CG より OH = $\boxed{\ ア\ }$ であることがわかる。

　なお，3 点 S, O, H が一直線上にある場合は，DG = $\boxed{\ キ\ }$ DC となり，DG : $\boxed{\ イ\ }$ = DC : $\boxed{\ オ\ }$ より OH = $\boxed{\ ア\ }$ であることがわかる。

$\boxed{\ ア\ }$ ～ $\boxed{\ オ\ }$ の解答群(同じものを繰り返し選んでもよい。)

⓪ DH	① HO	② HS	③ OD	④ OG
⑤ OS	⑥ ZD	⑦ ZH	⑧ ZO	⑨ ZS

$\boxed{\ カ\ }$ の解答群

⓪ OHD	① OHG	② OHS	③ ZDS
④ ZHG	⑤ ZHS	⑥ ZOS	⑦ ZCG

(2) 点 S を通り，半直線 ZX と半直線 ZY の両方に接する円は二つ作図できる。特に，点 S が ∠XZY の二等分線 ℓ 上にある場合を考える。半径が大きい方の円の中心を O_1 とし，半径が小さい方の円の中心を O_2 とする。また，円 O_2 と半直線 ZY が接する点を I とする。円 O_1 と半直線 ZY が接する点を J とし，円 O_1 と半直線 ZX が接する点を K とする。

作図をした結果，円 O_1 の半径は 5，円 O_2 の半径は 3 であったとする。このとき，IJ = $\boxed{\text{ク}}\sqrt{\boxed{\text{ケコ}}}$ である。さらに，円 O_1 と円 O_2 の接点 S における共通接線と半直線 ZY との交点を L とし，直線 LK と円 O_1 との交点で点 K とは異なる点を M とすると

$$\text{LM} \cdot \text{LK} = \boxed{\text{サシ}}$$

である。

また，ZI = $\boxed{\text{ス}}\sqrt{\boxed{\text{セソ}}}$ であるので，直線 LK と直線 ℓ との交点を N とすると

$$\frac{\text{LN}}{\text{NK}} = \frac{\boxed{\text{タ}}}{\boxed{\text{チ}}}, \qquad \text{SN} = \frac{\boxed{\text{ツ}}}{\boxed{\text{テ}}}$$

である。

問題　**5 − 2**　解答解説

解答記号	ア	イ	ウ	エ	オ	カ	キ	ク√ケコ	サシ	ス√セソ	タ/チ	ツ/テ
正　解	⑤	②	⑥	⑦	①	②	2	$2\sqrt{15}$	15	$3\sqrt{15}$	$\dfrac{4}{5}$	$\dfrac{5}{3}$
チェック												

《作図の手順》　考察·証明

(1)　円 O が点 S を通り，半直線 ZX と半直線 ZY の両方に接する円であることを示すには，点 O が∠XZY の二等分線 ℓ 上にあること，OH と ZX が垂直であることを踏まえると，OH＝OS　⑤　→ア　が成り立つことを示せばよい。

　　上の構想に基づいて，**手順**で作図した円 O が求める円であることを説明しよう（下図では，円 C と直線 ZS との 2 つの交点のうち，Z に近い側を G としているが，Z から遠い側を G としても同様の議論ができる）。

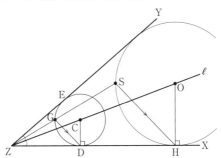

作図の手順より，△ZDG と△ZHS が相似であるので

$$DG : HS = ZD : ZH \quad ② , \quad ⑥ , \quad ⑦ \quad →イ，ウ，エ$$

であり，△ZDC と△ZHO が相似であるので

$$DC : HO = ZD : ZH \quad ① \quad →オ$$

であるから

$$DG : HS = DC : HO$$

となる。

ここで，3 点 S，O，H が一直線上にない場合は

$$∠CDG = ∠OHS \quad ② \quad →カ$$

であるので，△CDG と△OHS との関係に着目すると，CD＝CG より OH＝OS であることがわかる。

なお，3点 S，O，H が一直線上にある場合は

$$DG = \boxed{2} \, DC \quad \to \textbf{キ}$$

となり，DG：HS＝DC：HO より OH＝OS であることがわかる。

(2) 点 S が∠XZY の二等分線 ℓ 上にある場合を考える。このとき，2円 O_1，O_2 は点 S で外接する。

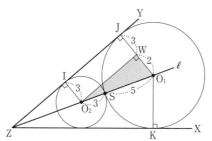

点 O_2 を通り IJ と平行な直線と JO_1 との交点を上図のように W とすると，四角形 IO_2WJ は長方形であり，$\triangle O_1WO_2$ は直角三角形である。

$IO_2 = JW = 3$，$JO_1 = 5$ より，$WO_1 = 2$ であり，$O_1O_2 = 3 + 5 = 8$ である。直角三角形 O_1WO_2 で三平方の定理より

$$O_2W^2 = O_1O_2{}^2 - O_1W^2 = 8^2 - 2^2 = 2^2 \cdot 15$$

より　　$O_2W = 2\sqrt{15}$

四角形 IO_2WJ は長方形であるから

$$IJ = O_2W = \boxed{2}\sqrt{\boxed{15}} \quad \to \textbf{ク}，\textbf{ケコ}$$

である。

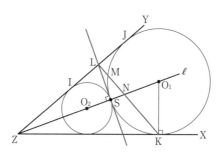

L から円 O_2 に引いた接線の長さとして LI＝LS がわかり，L から円 O_1 に引いた接線の長さとして LJ＝LS がわかるので

$$LI = LS = LJ = \frac{IJ}{2} = \sqrt{15}$$

である。円 O_1 に関して，方べきの定理により

$$LM \cdot LK = LS^2 = (\sqrt{15})^2 = \boxed{15} \quad \to サシ$$

である。

また，$\triangle ZIO_2$ と $\triangle O_2WO_1$ が相似であることに着目することで

$$ZI : O_2W = IO_2 : WO_1$$

より

$$ZI = O_2W \times \frac{IO_2}{WO_1} = 2\sqrt{15} \times \frac{3}{2} = \boxed{3}\sqrt{\boxed{15}} \quad \to ス，セソ$$

がわかる。これより

$$ZL = ZI + IL = 3\sqrt{15} + \sqrt{15} = 4\sqrt{15}$$

$$ZK = ZJ = ZL + LJ = 4\sqrt{15} + \sqrt{15} = 5\sqrt{15}$$

であるから，角の二等分線の性質により

$$\frac{LN}{NK} = \frac{ZL}{ZK} = \frac{4\sqrt{15}}{5\sqrt{15}} = \frac{\boxed{4}}{\boxed{5}} \quad \to タ，チ$$

である。

直角三角形 LZS で三平方の定理により，ZS = 15 とわかる。JK と ℓ との交点を P とすると，2 つの直角三角形 LZS と JZP の相似に注目することで，

$$ZP = 15 \times \frac{5\sqrt{15}}{4\sqrt{15}} = \frac{75}{4} \text{であるので}$$

$$SP = ZP - ZS = \frac{15}{4}$$

である。

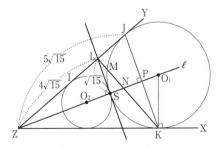

さらに，$\triangle NLS$ と $\triangle NKP$ の相似に注目することで

$$SN : PN = NL : NK = 4 : 5$$

がわかるので

$$SN = SP \times \frac{4}{4+5} = \frac{15}{4} \times \frac{4}{9} = \frac{\boxed{5}}{\boxed{3}} \quad \to ツ，テ$$

である。

解説

　(1)は作図の**手順**とそれが正しいことについて，**構想**に基づく説明を考える問題である。**ア～カ**は選択肢から選んで答えるので，判断に迷ったときには，自分の候補が選択肢に入っているかどうかを確認することで可能性を絞り込むこともできる。時間的な余裕の少ない試験であることを踏まえると，このようなテクニックも必要であれば活用していきたい。

　また，文章を読んで自分で図を描いて考えていかなければならないので，普段から図を描く訓練もしておくとよいだろう。与えられた図を見て解いているだけでは対応できないかもしれない。(2)でも自分で図を描くことが要求される。「点 S が ∠XZY の二等分線 ℓ 上にある」などの設定をきちんと把握し，正しく図を描かなくてはならない。共通接線の長さについての問題，方べきの定理を用いる問題，角の二等分線の性質を用いる問題，三角形の相似を利用する問題など出題内容の幅は広く，たくさんの点や線が登場する図のなかから必要な構図を見抜く力が要求される問題である。

問題 **5 － 3**

オリジナル問題

次の図のように，三角形 ABC とその内部の点 P に関して，直線 AP と直線 BC との交点を D，直線 BP と直線 CA との交点を E，直線 CP と直線 AB との交点を F とする。このとき

$$\frac{AF}{FB} \cdot \frac{BD}{DC} \cdot \frac{CE}{EA} = 1$$

が成り立つ。これをチェバの定理という。

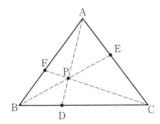

(1)　このチェバの定理を 3 通りの方法で証明する。まず，第 1 の証明方法をみてみよう。

$\triangle PBC = L$，$\triangle PCA = M$，$\triangle PAB = N$とすると

$$\frac{AF}{FB} = \frac{\boxed{ア}}{\boxed{イ}}, \quad \frac{BD}{DC} = \frac{\boxed{ウ}}{\boxed{エ}}, \quad \frac{CE}{EA} = \frac{\boxed{オ}}{\boxed{カ}}$$

と表せるので，これらを掛け合わせると

$$\frac{AF}{FB} \cdot \frac{BD}{DC} \cdot \frac{CE}{EA} = \frac{\boxed{ア}}{\boxed{イ}} \cdot \frac{\boxed{ウ}}{\boxed{エ}} \cdot \frac{\boxed{オ}}{\boxed{カ}} = 1$$

が得られる。　　　　　　　　　　　　　　　　　　　（証明終わり）

$\boxed{ア}$ ～ $\boxed{カ}$ の解答群（同じものを繰り返し選んでもよい。）

⓪　L	①　M	②　N
③　$L+M$	④　$L+N$	⑤　$M+N$

(2)　次に，第2の証明方法をみてみよう。

　PBと平行で点Aを通る直線と直線CPとの交点をUとし，APと平行で点Bを通る直線と直線CPとの交点をVとする。

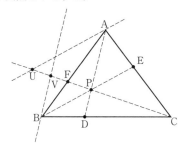

　すると，三角形APFと三角形BVFが相似になることから

$$\frac{AF}{FB} = \frac{\boxed{キ}}{\boxed{ク}}$$

である。また，三角形APUと三角形BVPが相似になることから

$$\frac{\boxed{キ}}{\boxed{ク}} = \frac{\boxed{ケ}}{\boxed{コ}}$$

であるから

$$\frac{AF}{FB} = \frac{\boxed{ケ}}{\boxed{コ}} \quad \cdots\cdots ①$$

が成り立つ。また，直線APと直線VBが平行であるから

$$\frac{BD}{DC} = \frac{\boxed{サ}}{\boxed{シ}} \quad \cdots\cdots ②$$

である。さらに，直線AUと直線PBが平行であるから

$$\frac{CE}{EA} = \frac{\boxed{ス}}{\boxed{セ}} \quad \cdots\cdots ③$$

が成り立つ。よって，①，②，③の辺々を掛け合わせると

$$\frac{AF}{FB} \cdot \frac{BD}{DC} \cdot \frac{CE}{EA} = \frac{\boxed{ケ}}{\boxed{コ}} \cdot \frac{\boxed{サ}}{\boxed{シ}} \cdot \frac{\boxed{ス}}{\boxed{セ}} = 1$$

が得られる。　　　　　　　　　　　　　　　　　　　　（証明終わり）

$\boxed{キ}$ ～ $\boxed{セ}$ の解答群（同じものを繰り返し選んでもよい。）

⓪ PA	① PB	② PC	③ AB	④ BC
⑤ CA	⑥ PU	⑦ PV	⑧ UV	⑨ BV

(3)　さらに，第 3 の証明方法をみてみよう。

点 P を通り AB と平行な直線と BC との交点を G，CA との交点を H とし，点 P を通り BC と平行な直線と AB との交点を I，AC との交点を J とし，点 P を通り CA と平行な直線と BC との交点を K，AB との交点を L とする。

さらに

$$BD = a_1, \quad DC = a_2, \quad CE = b_1, \quad EA = b_2, \quad AF = c_1, \quad FB = c_2$$

$$PI = p_1, \quad PJ = p_2, \quad PK = q_1, \quad PL = q_2, \quad PH = r_1, \quad PG = r_2$$

とする。

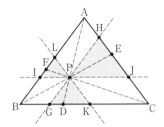

平行線の性質から

$$\frac{a_1}{a_2} = \frac{\boxed{ソ}}{\boxed{タ}}, \quad \frac{b_1}{b_2} = \frac{\boxed{チ}}{\boxed{ツ}}, \quad \frac{c_1}{c_2} = \frac{\boxed{テ}}{\boxed{ト}}$$

が成り立つ。

また，灰色の 3 つの三角形はすべて三角形 ABC と相似であるから

$$\frac{\boxed{ソ}}{\boxed{ツ}} = \frac{\boxed{ナ}}{\boxed{ニ}}, \quad \frac{\boxed{チ}}{\boxed{ト}} = \frac{\boxed{ヌ}}{\boxed{ネ}}, \quad \frac{\boxed{テ}}{\boxed{タ}} = \frac{\boxed{ノ}}{\boxed{ハ}}$$

である。これより

が得られる。　　　　　　　　　　　　　　　　　　　　　　　　（証明終わり）

$\boxed{ソ} \sim \boxed{ト}$ の解答群（同じものを繰り返し選んでもよい。）

⓪ p_1	① p_2	② q_1	③ q_2	④ r_1	⑤ r_2

$\boxed{ナ} \sim \boxed{ハ}$ の解答群（同じものを繰り返し選んでもよい。）

⓪ AB	① BC	② CA

問題 5－3

解答記号	ア	イ	ウ	エ	オ	カ	キ	ク	ケ	コ	サ	シ	ス
正解	①	⓪	②	①	⓪	②	⓪	⑨	⑥	⑦	⑦	②	②
チェック													

解答記号	セ	ソ	タ	チ	ツ	テ	ト	ナ	ニ	ヌ	ネ	ノ	ハ
正解	⑥	⓪	①	②	③	④	⑤	①	②	②	⓪	⓪	①
チェック													

《チェバの定理の証明》

(1) PC を底辺とみなしたときの高さの割合に注目して

$$\frac{AF}{FB} = \frac{\triangle PCA}{\triangle PBC} = \frac{M}{L} \quad \boxed{①}, \boxed{⓪} \quad \rightarrow ア, イ$$

PA を底辺とみなしたときの高さの割合に注目して

$$\frac{BD}{DC} = \frac{\triangle PAB}{\triangle PCA} = \frac{N}{M} \quad \boxed{②}, \boxed{①} \quad \rightarrow ウ, エ$$

PB を底辺とみなしたときの高さの割合に注目して

$$\frac{CE}{EA} = \frac{\triangle PBC}{\triangle PAB} = \frac{L}{N} \quad \boxed{⓪}, \boxed{②} \quad \rightarrow オ, カ$$

よって

$$\frac{AF}{FB} \cdot \frac{BD}{DC} \cdot \frac{CE}{EA} = \frac{M}{L} \cdot \frac{N}{M} \cdot \frac{L}{N} = 1$$

が成り立つ。

(2) $\triangle APF \backsim \triangle BVF$ より　　$\dfrac{AF}{FB} = \dfrac{PA}{BV}$　$\boxed{⓪}, \boxed{⑨}$　$\rightarrow$ キ, ク

$\triangle APU \backsim \triangle BVP$ より　　$\dfrac{PA}{BV} = \dfrac{PU}{PV}$　$\boxed{⑥}, \boxed{⑦}$　$\rightarrow$ ケ, コ

よって　$\dfrac{AF}{FB} = \dfrac{PU}{PV}$ ……①

また，AP∥VB より　$\dfrac{BD}{DC} = \dfrac{PV}{PC}$ ……②　$\boxed{⑦}, \boxed{②}$　$\rightarrow$ サ, シ

AU∥PB より　$\dfrac{CE}{EA} = \dfrac{PC}{PU}$ ……③　$\boxed{②}, \boxed{⑥}$　$\rightarrow$ ス, セ

①，②，③より

$$\frac{AF}{FB} \cdot \frac{BD}{DC} \cdot \frac{CE}{EA} = \frac{PU}{PV} \cdot \frac{PV}{PC} \cdot \frac{PC}{PU} = 1$$

が成り立つ。

(3)　$\dfrac{BD}{DC} = \dfrac{PI}{PJ}$ より　　$\dfrac{a_1}{a_2} = \dfrac{\boldsymbol{p_1}}{\boldsymbol{p_2}}$　⓪，①　→ソ，タ

$\dfrac{CE}{EA} = \dfrac{PK}{PL}$ より　　$\dfrac{b_1}{b_2} = \dfrac{\boldsymbol{q_1}}{\boldsymbol{q_2}}$　②，③　→チ，ツ

$\dfrac{AF}{FB} = \dfrac{PH}{PG}$ より　　$\dfrac{c_1}{c_2} = \dfrac{\boldsymbol{r_1}}{\boldsymbol{r_2}}$　④，⑤　→テ，ト

が成り立つ。

相似な三角形についての辺の対応を考える。

$\triangle LIP \backsim \triangle ABC$ より　　$\dfrac{PI}{PL} = \dfrac{p_1}{q_2} = \dfrac{CB}{CA}$　①，②　→ナ，ニ

$\triangle PGK \backsim \triangle ABC$ より　　$\dfrac{PK}{PG} = \dfrac{q_1}{r_2} = \dfrac{AC}{AB}$　②，⓪　→ヌ，ネ

$\triangle HPJ \backsim \triangle ABC$ より　　$\dfrac{PH}{PJ} = \dfrac{r_1}{p_2} = \dfrac{BA}{BC}$　⓪，①　→ノ，ハ

よって

$$\frac{AF}{FB} \cdot \frac{BD}{DC} \cdot \frac{CE}{EA} = \frac{c_1}{c_2} \cdot \frac{a_1}{a_2} \cdot \frac{b_1}{b_2} = \frac{p_1}{p_2} \cdot \frac{q_1}{q_2} \cdot \frac{r_1}{r_2}$$

$$= \frac{p_1}{q_2} \cdot \frac{q_1}{r_2} \cdot \frac{r_1}{p_2} = \frac{CB}{CA} \cdot \frac{AC}{AB} \cdot \frac{BA}{BC} = 1$$

が成り立つ。

解　説

　チェバの定理，メネラウスの定理をはじめとする，図形に関する定理を解法のなかで適用することはできても，なぜその定理が成り立つのかという証明を経験したことがない受験生もいるのではないだろうか。自分でその数学的主張を確認する態度は大切である。

　本間では，チェバの定理に対して代表的な3通りの証明方法を紹介している。誘導に沿って議論を進めていけば自然と証明できるようになっている。線分比を面積比に置き換えることはよく行われる。長さ（1次元）の情報が面積（2次元）の情報から間接的に得られることはしばしばある。例えば，三角形の内接円の半径を求めるときや，60°や120°の角の二等分線の長さを求めるとき，角の二等分線の性質などである。これらは高度な考え方ではあるが，入試問題では頻出事項であるので，理解しておこう。

　メネラウスの定理の証明も教科書に書かれているので，どのような発想で証明しているか確認してみよう。本質的には，本問の(2)と同様に"同じ線分に比を集めるために補助線として平行線を引く"方法である。なお，メネラウスの定理を2回用いてチェバの定理を証明することもできる。

第6章

場合の数と確率

第6章　場合の数と確率　傾向分析

　従来の『数学Ⅰ・数学A』では，選択問題として第3問で20点分が出題されていましたが，新課程の『数学Ⅰ，数学A』では**必答問題**となり，試作問題では第4問で20点分が出題されました。

　共通テストでは，**条件付き確率**がよく出題されていますが，2023年度の本試験のように，**場合の数のみ**で確率が出題されなかったこともあります。ゲームの戦略を考える**実用的な設定**の問題や，**構想をもとに考察**させる問題など，工夫をこらした設定がよく見られます。新課程では**期待値の活用**が追加されており，試作問題もそれを含む問題となっています。

■ 共通テストでの出題項目

試　験	大　問	出題項目	配　点
新課程 試作問題	第4問 （演習問題6－1）	期待値，条件付き確率 　会話設定　　実用設定　　考察・証明	20点
2023 本試験	第3問	場合の数　考察・証明	20点
2023 追試験	第3問	場合の数，確率，条件付き確率	20点
2022 本試験	第3問	完全順列，条件付き確率 　実用設定　　考察・証明	20点
2022 追試験	第3問	確率による得点に関する戦略の立て方 　実用設定　　考察・証明	20点
2021 本試験 （第1日程）	第3問	条件付き確率 　会話設定　　考察・証明	20点
2021 本試験 （第2日程）	第3問	条件付き確率	20点

学習指導要領における内容

ア．次のような知識及び技能を身に付けること。
　（ア）　集合の要素の個数に関する基本的な関係や和の法則，積の法則などの数え上げ
　　　　の原則について理解すること。
　（イ）　具体的な事象を基に順列及び組合せの意味を理解し，順列の総数や組合せの総
　　　　数を求めること。
　（ウ）　確率の意味や基本的な法則についての理解を深め，それらを用いて事象の確率
　　　　や期待値を求めること。
　（エ）　独立な試行の意味を理解し，独立な試行の確率を求めること。
　（オ）　条件付き確率の意味を理解し，簡単な場合について条件付き確率を求めること。

イ．次のような思考力，判断力，表現力等を身に付けること。
　（ア）　事象の構造などに着目し，場合の数を求める方法を多面的に考察すること。
　（イ）　確率の性質や法則に着目し，確率を求める方法を多面的に考察すること。
　（ウ）　確率の性質などに基づいて事象の起こりやすさを判断したり，期待値を意思決
　　　　定に活用したりすること。

問題 6 ― 1 演習問題

試作問題　第4問

中にくじが入っている二つの箱AとBがある。二つの箱の外見は同じであるが，箱Aでは，当たりくじを引く確率が $\frac{1}{2}$ であり，箱Bでは，当たりくじを引く確率が $\frac{1}{3}$ である。

(1)　各箱で，くじを1本引いてはもとに戻す試行を3回繰り返す。このとき

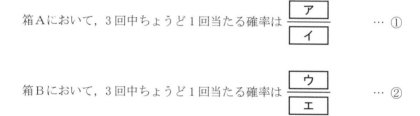

$$\text{箱Aにおいて，3回中ちょうど1回当たる確率は} \frac{\boxed{\text{ア}}}{\boxed{\text{イ}}} \quad \cdots ①$$

$$\text{箱Bにおいて，3回中ちょうど1回当たる確率は} \frac{\boxed{\text{ウ}}}{\boxed{\text{エ}}} \quad \cdots ②$$

である。箱Aにおいて，3回引いたときに当たりくじを引く回数の期待値は

$\dfrac{\boxed{\text{オ}}}{\boxed{\text{カ}}}$ であり，箱Bにおいて，3回引いたときに当たりくじを引く回数の期待値は $\boxed{\text{キ}}$ である。

(2)　太郎さんと花子さんは，それぞれくじを引くことにした。ただし，二人は，箱A，箱Bでの当たりくじを引く確率は知っているが，二つの箱のどちらがAで，どちらがBであるかはわからないものとする。

　まず，太郎さんが二つの箱のうちの一方をでたらめに選ぶ。そして，その選んだ箱において，くじを1本引いてはもとに戻す試行を3回繰り返したところ，3回中ちょうど1回当たった。

　このとき，選ばれた箱がAである事象をA，選ばれた箱がBである事象をB，3回中ちょうど1回当たる事象をWとする。①，②に注意すると

$$P(A\cap W)=\frac{1}{2}\times\frac{\boxed{ア}}{\boxed{イ}}，\quad P(B\cap W)=\frac{1}{2}\times\frac{\boxed{ウ}}{\boxed{エ}}$$

である。$P(W)=P(A\cap W)+P(B\cap W)$であるから，3回中ちょうど1回当たったとき，選んだ箱がAである条件付き確率$P_W(A)$は$\dfrac{\boxed{クケ}}{\boxed{コサ}}$となる。また，条件付き確率$P_W(B)$は$1-P_W(A)$で求められる。

次に，花子さんが箱を選ぶ。その選んだ箱において，くじを1本引いてはもとに戻す試行を3回繰り返す。花子さんは，当たりくじをより多く引きたいので，太郎さんのくじの結果をもとに，次の(X)，(Y)のどちらの場合がよいかを考えている。

（X）　太郎さんが選んだ箱と同じ箱を選ぶ。
（Y）　太郎さんが選んだ箱と異なる箱を選ぶ。

花子さんがくじを引くときに起こりうる事象の場合の数は，選んだ箱がA，Bのいずれかの2通りと，3回のうち当たりくじを引く回数が0，1，2，3回のいずれかの4通りの組合せで全部で8通りある。

花子：当たりくじを引く回数の期待値が大きい方の箱を選ぶといいかな。
太郎：当たりくじを引く回数の期待値を求めるには，この8通りについて，それぞれの起こる確率と当たりくじを引く回数との積を考えればいいね。

花子さんは当たりくじを引く回数の期待値が大きい方の箱を選ぶことにした。

（X）の場合について考える。箱Aにおいて3回引いてちょうど1回当たる事象をA_1，箱Bにおいて3回引いてちょうど1回当たる事象をB_1と表す。

太郎さんが選んだ箱がAである確率$P_W(A)$を用いると，花子さんが選んだ箱がAで，かつ，花子さんが3回引いてちょうど1回当たる事象の起こる確率は$P_W(A) \times P(A_1)$と表せる。このことと同様に考えると，花子さんが選んだ箱がBで，かつ，花子さんが3回引いてちょうど1回当たる事象の起こる確率は　シ　と表せる。

花子：残りの6通りも同じように計算すれば，この場合の当たりくじを引く回数の期待値を計算できるね。
太郎：期待値を計算する式は，選んだ箱がAである事象に対する式とBである事象に対する式に分けて整理できそうだよ。

　残りの 6 通りについても同じように考えると，(X)の場合の当たりくじを引く回数の期待値を計算する式は

$$\boxed{\text{ス}} \times \cfrac{\boxed{\text{オ}}}{\boxed{\text{カ}}} + \boxed{\text{セ}} \times \boxed{\text{キ}}$$

となる。

　(Y)の場合についても同様に考えて計算すると，(Y)の場合の当たりくじを引く回数の期待値は $\cfrac{\boxed{\text{ソタ}}}{\boxed{\text{チツ}}}$ である。よって，当たりくじを引く回数の期待値が大きい方の箱を選ぶという方針に基づくと，花子さんは，太郎さんが選んだ箱と $\boxed{\text{テ}}$。

$\boxed{\text{シ}}$ の解答群

⓪	$P_W(A) \times P(A_1)$	①	$P_W(A) \times P(B_1)$
②	$P_W(B) \times P(A_1)$	③	$P_W(B) \times P(B_1)$

$\boxed{\text{ス}}$, $\boxed{\text{セ}}$ の解答群（同じものを繰り返し選んでもよい。）

⓪	$\dfrac{1}{2}$	①	$\dfrac{1}{4}$	②	$P_W(A)$	③	$P_W(B)$
④	$\dfrac{1}{2}P_W(A)$			⑤	$\dfrac{1}{2}P_W(B)$		
⑥	$P_W(A) - P_W(B)$			⑦	$P_W(B) - P_W(A)$		
⑧	$\dfrac{P_W(A) - P_W(B)}{2}$			⑨	$\dfrac{P_W(B) - P_W(A)}{2}$		

$\boxed{\text{テ}}$ の解答群

⓪	同じ箱を選ぶ方がよい	①	異なる箱を選ぶ方がよい

問題 6 － 1

解答記号	$\dfrac{ア}{イ}$	$\dfrac{ウ}{エ}$	$\dfrac{オ}{カ}$	キ	$\dfrac{クケ}{コサ}$	シ	ス	セ	$\dfrac{ソタ}{チツ}$	テ
正　解	$\dfrac{3}{8}$	$\dfrac{4}{9}$	$\dfrac{3}{2}$	1	$\dfrac{27}{59}$	③	②	③	$\dfrac{75}{59}$	①
チェック										

《当たりくじを引く回数の期待値》　会話設定　実用設定　考察・証明

(1) 当たりくじではないくじのことを，はずれくじと呼ぶことにする。各箱で，くじを1本引いてはもとに戻す試行を3回繰り返す。

このとき，箱Aにおいて，くじを1回引くときに，当たりくじを引く確率は $\dfrac{1}{2}$，はずれくじを引く確率は $1-\dfrac{1}{2}=\dfrac{1}{2}$ である。3回中ちょうど1回当たる確率は，3回中何回目に当たりくじを引くのかが $_3C_1=3$ 通りあるので

$$3\cdot\dfrac{1}{2}\left(\dfrac{1}{2}\right)^2=\dfrac{\boxed{3}}{\boxed{8}}\quad\cdots\cdots① \quad →ア，イ$$

である。また，箱Bにおいて，くじを1回引くときに，当たりくじを引く確率は $\dfrac{1}{3}$，はずれくじを引く確率は $1-\dfrac{1}{3}=\dfrac{2}{3}$ である。3回中ちょうど1回当たる確率は，3回中何回目に当たりくじを引くのかが $_3C_1=3$ 通りあるので

$$3\cdot\dfrac{1}{3}\left(\dfrac{2}{3}\right)^2=\dfrac{\boxed{4}}{\boxed{9}}\quad\cdots\cdots② \quad →ウ，エ$$

である。箱Aにおいて，3回引いたときに当たりくじを引く回数とそれぞれの確率は，①および

$$\begin{cases} ちょうど0回当たる確率 \cdots {}_3C_0\left(\dfrac{1}{2}\right)^0\left(\dfrac{1}{2}\right)^3=\dfrac{1}{8} \\[2mm] ちょうど2回当たる確率 \cdots {}_3C_2\left(\dfrac{1}{2}\right)^2\dfrac{1}{2}=\dfrac{3}{8} \\[2mm] ちょうど3回当たる確率 \cdots {}_3C_3\left(\dfrac{1}{2}\right)^3\left(\dfrac{1}{2}\right)^0=\dfrac{1}{8} \end{cases}$$

まとめると，次の表のようになる。

回数	0	1	2	3
確率	$\frac{1}{8}$	$\frac{3}{8}$	$\frac{3}{8}$	$\frac{1}{8}$

よって, 箱Aにおいて, 3回引いたときに当たりくじを引く回数の期待値は

$$0 \times \frac{1}{8} + 1 \times \frac{3}{8} + 2 \times \frac{3}{8} + 3 \times \frac{1}{8} = \frac{12}{8} = \boxed{\frac{3}{2}} \quad \rightarrow オ, カ$$

である。

また, 箱Bにおいて, 3回引いたときに当たりくじを引く回数とそれぞれの確率は, ②および

$$\begin{cases} ちょうど 0 回当たる確率 \cdots {}_3C_0 \left(\frac{1}{3}\right)^0 \left(\frac{2}{3}\right)^3 = \frac{8}{27} \\[2mm] ちょうど 2 回当たる確率 \cdots {}_3C_2 \left(\frac{1}{3}\right)^2 \frac{2}{3} = \frac{6}{27} \\[2mm] ちょうど 3 回当たる確率 \cdots {}_3C_3 \left(\frac{1}{3}\right)^3 \left(\frac{2}{3}\right)^0 = \frac{1}{27} \end{cases}$$

まとめると, 次の表のようになる。

回数	0	1	2	3
確率	$\frac{8}{27}$	$\frac{12}{27}$	$\frac{6}{27}$	$\frac{1}{27}$

よって, 箱Bにおいて, 3回引いたときに当たりくじを引く回数の期待値は

$$0 \times \frac{8}{27} + 1 \times \frac{12}{27} + 2 \times \frac{6}{27} + 3 \times \frac{1}{27} = \frac{27}{27} = \boxed{1} \quad \rightarrow キ$$

である。

(2)　選ばれた箱がAである確率が $\frac{1}{2}$ で, ア, イより, 箱Aにおいて3回中ちょうど1回当たる確率は $\frac{3}{8}$ である。また, 選ばれた箱がBである確率が $\frac{1}{2}$ で, ウ, エより, 箱Bにおいて3回中ちょうど1回当たる確率は $\frac{4}{9}$ である。したがって

$$P(A \cap W) = \frac{1}{2} \times \frac{3}{8} = \frac{3}{16}, \quad P(B \cap W) = \frac{1}{2} \times \frac{4}{9} = \frac{2}{9}$$

である。よって

$$P(W) = P(A \cap W) + P(B \cap W) = \frac{3}{16} + \frac{2}{9} = \frac{59}{144}$$

3回中ちょうど1回当たったとき, 選んだ箱がAである確率は, 条件付き確率

$$P_W(A) = \frac{P(A \cap W)}{P(W)}$$

で求めることができるから

$$P_W(A) = \frac{\dfrac{3}{16}}{\dfrac{59}{144}} = \frac{\boxed{27}}{\boxed{59}} \quad \rightarrow クケ, コサ$$

となる。

また，条件付き確率 $P_W(B)$ は $1 - P_W(A) = 1 - \dfrac{27}{59} = \dfrac{32}{59}$ である。

次に，花子さんが箱を選ぶ。太郎さんが選んだ箱がAである確率 $P_W(A) = \dfrac{27}{59}$ を用いると，花子さんは太郎さんと同じ箱を選んでいるので，その箱がAで，かつ，花子さんが3回引いてちょうど1回当たる事象の起こる確率は，①を用いて

$$P_W(A) \times P(A_1) = \frac{27}{59} \cdot \frac{3}{8} = \frac{81}{472}$$

と表せる。

このことと同様に考えると，花子さんが選んだ箱がBで，かつ，花子さんが3回引いてちょうど1回当たる事象の起こる確率は

$$\boldsymbol{P_W(B) \times P(B_1)} = \frac{32}{59} \cdot \frac{4}{9} = \frac{128}{531} \quad \boxed{③} \quad \rightarrow シ$$

である。

残りの6通りについても同じように計算すれば，箱Aにおいて，3回引いたときに当たりくじを引く回数の期待値は $\dfrac{3}{2}$，箱Bにおいて，3回引いたときに当たりくじを引く回数の期待値は1なので，(X)の場合の当たりくじを引く回数の期待値を計算する式は

$$0 \times P_W(A) \times P(A_0) + 1 \times P_W(A) \times P(A_1) + 2 \times P_W(A) \times P(A_2)$$
$$+ 3 \times P_W(A) \times P(A_3) + 0 \times P_W(B) \times P(B_0) + 1 \times P_W(B) \times P(B_1)$$
$$+ 2 \times P_W(B) \times P(B_2) + 3 \times P_W(B) \times P(B_3)$$
$$= P_W(A) \times \{0 \times P(A_0) + 1 \times P(A_1) + 2 \times P(A_2) + 3 \times P(A_3)\}$$
$$+ P_W(B) \times \{0 \times P(B_0) + 1 \times P(B_1) + 2 \times P(B_2) + 3 \times P(B_3)\}$$
$$= P_W(A) \times [箱Aにおいて，3回引いたときに当たりくじを引く回数の期待値]$$
$$+ P_W(B) \times [箱Bにおいて，3回引いたときに当たりくじを引く回数の期待値]$$
$$= P_W(A) \times \frac{3}{2} + P_W(B) \times 1 \quad \boxed{②}, \boxed{③} \quad \rightarrow ス, セ$$

これは

$$P_W(A) \times \frac{3}{2} + P_W(B) \times 1 = \frac{27}{59} \times \frac{3}{2} + \frac{32}{59} \times 1 = \frac{145}{118}$$

となる。

(Y)の場合についても同様に考える。

太郎さんが選んだ箱がAであれば，花子さんは箱Bを選び，太郎さんが選んだ箱が
Bであれば，花子さんは箱Aを選ぶので，(Y)の場合の当たりくじを引く回数の期待
値は

$$0 \times P_W(A) \times P(B_0) + 1 \times P_W(A) \times P(B_1) + 2 \times P_W(A) \times P(B_2)$$
$$+ 3 \times P_W(A) \times P(B_3) + 0 \times P_W(B) \times P(A_0) + 1 \times P_W(B) \times P(A_1)$$
$$+ 2 \times P_W(B) \times P(A_2) + 3 \times P_W(B) \times P(A_3)$$
$$= P_W(A) \times \{0 \times P(B_0) + 1 \times P(B_1) + 2 \times P(B_2) + 3 \times P(B_3)\}$$
$$+ P_W(B) \times \{0 \times P(A_0) + 1 \times P(A_1) + 2 \times P(A_2) + 3 \times P(A_3)\}$$
$$= P_W(A) \times [\text{箱Bにおいて，3回引いたときに当たりくじを引く回数の期待値}]$$
$$+ P_W(B) \times [\text{箱Aにおいて，3回引いたときに当たりくじを引く回数の期待値}]$$
$$= P_W(A) \times 1 + P_W(B) \times \frac{3}{2}$$
$$= \frac{27}{59} \times 1 + \frac{32}{59} \times \frac{3}{2} = \frac{150}{118} = \boxed{\frac{\boxed{75}}{\boxed{59}}} \quad \rightarrow \text{ソタ, チツ}$$

である。

得られた2つの期待値を比較すると $\frac{145}{118} < \frac{150}{118}$ である。よって，当たりくじを引く

回数の期待値が大きい方の箱を選ぶという方針に基づくと，花子さんは，太郎さん

が選んだ箱と**異なる箱を選ぶ**方がよい。 $\boxed{①}$ →テ

━━ **解 説** ━━

(1) 箱Aにおいて，3回引いたときに当たりくじを引く回数の期待値は

$$0\text{回} \times (0\text{回引く確率}) + 1\text{回} \times (1\text{回引く確率}) + 2\text{回} \times (2\text{回引く確率})$$
$$+ 3\text{回} \times (3\text{回引く確率})$$

で求めることができる。よって，0回，1回，2回，3回当たりくじを引く確率を
それぞれ求める必要がある。期待値の定義を覚えて，求めることができるようにし
ておこう。

(2) 問題文で与えられている $P(A \cap W) = \frac{1}{2} \times \frac{3}{8} = \frac{3}{16}$，$P(B \cap W) = \frac{1}{2} \times \frac{4}{9} = \frac{2}{9}$ の計算

は，次のように確率の積の法則に基づいて得られている。

$$P(A \cap W) = P(A) \cdot P_A(W) = \frac{1}{2} \cdot \frac{3}{8} = \frac{3}{16}$$

$$P(B \cap W) = P(B) \cdot P_B(W) = \frac{1}{2} \cdot \frac{4}{9} = \frac{2}{9}$$

これらは，条件付き確率 $P_A(W) = \dfrac{P(A \cap W)}{P(A)}$，$P_B(W) = \dfrac{P(B \cap W)}{P(B)}$ より得られる。

また，$P(W) = P(A \cap W) + P(B \cap W)$ である。箱はA，Bの二つしかないので，3回中ちょうど1回当たる場合，それは箱Aから引くか，箱Bから引くかのいずれかの場合だからである。

太郎さんは二つの箱のうちの一方をでたらめに選んだ。その結果，その箱から3回中ちょうど1回当たった。この結果をもとにして，花子さんは太郎さんが選んだ箱と同じ箱を選ぶか，異なる箱を選ぶかを考えるのである。その判断基準は，どちらの方が当たりくじを引く回数の期待値が大きいのかである。問題文では飛ばされている計算過程の行間を丁寧に埋めてみると理解が深まるだろう。

花子さんとしては，太郎さんの結果を参考に行動判断をすることができるわけであるが，太郎さんの結果をどのように受けとめるのかが重要となる。当たりくじを引く回数の期待値が大きい方の箱を選びたいということなので，結局，箱Aを選びたいということであり，太郎さんの結果から，太郎さんの選んだ箱がAなのかBなのかを確率的に推定することになる。全く手掛かり（情報）がなければ太郎さんが選んだ箱はAかBかという2択の状況で $\dfrac{1}{2}$ ずつと諦めるしかないが，太郎さんの結果による情報から，太郎さんの選んだ箱がAなのかBなのかという確信度の数値化が可能となる。このように新情報によって確信度に修正をかける考え方をベイズ推定といい，本問ではベイズ推定の発想が主題となっている。なお，ベイズ推定は現在進行形で発展している AI，機械学習などの根底にある考え方である。

さて，本問では太郎さんの結果による情報から，太郎さんの選んだ箱がAである（条件付き）確率が $P_W(A) = \dfrac{27}{59}$ で，太郎さんの選んだ箱がBである（条件付き）確率が $P_W(B) = \dfrac{32}{59}$ ということが得られるので，太郎さんが選んだ箱はBである確率が高いという判断をすることができ，そうすると当たりくじを引く回数の期待値が大きい方の箱であるAを選びたい花子さんからすると，太郎さんの選んだのではない方の箱を選択すべきという確率的行動判断をすることとなる。

問題 **6 − 2**

オリジナル問題

(1) 太郎，次郎，三郎，四郎，春子，夏実，秋代，冬美の友人8人で川へバーベキューをしに行くことになった。8人は3つのグループに分かれて作業することになり，火を管理する2人，食材を用意する3人，川で魚を釣る3人の3つの役割を分担することになった。その分かれ方の総数は ＊1 で求まる。

＊1 に当てはまるものは，次の ⓪ 〜 ⑨ のうち ア ， イ ， ウ ， エ である。

ア 〜 エ の解答群（解答の順序は問わない。）

⓪ $_8P_2 \times _6P_3$ 　 ① $_8P_3 \times _5P_2$ 　 ② $_8C_2 \times _6C_3$ 　 ③ $_8C_3 \times _5C_2$

④ $\dfrac{_8P_2 \times _6C_3}{2!}$ 　 ⑤ $\dfrac{_8P_2 \times _6P_3}{3!}$ 　 ⑥ $\dfrac{_8C_2 \times _6C_3}{2!}$ 　 ⑦ $\dfrac{_8C_2 \times _6C_3}{3!}$

⑧ $\dfrac{8!}{2! \times 3! \times 3!}$ 　 ⑨ $\dfrac{8!}{2! \times 3!}$

(2) 少し作業を行ってから，役割を変えることになった。役割を決める前に，まず8人は2人，3人，3人の3つのグループに分かれることにした。

3つのグループ分けが決まれば，そのグループ分けに対して，2人のグループに入った人がおのずと火を管理することになるが，3人のグループに入った人は，誰と同じグループになるかは決まるものの，食材を用意するのか，魚を釣るのかは決まっていない状態である。

3つのグループ分けが決まれば，食材を用意するのか，魚を釣るのかどちらの役割を分担するかについては，2通りの決め方があるので，3つのグループ分けの方法が全部で N 通りあるとすると，関係式 オ が成り立ち，$N=$ カキク である。

オ の解答群

⓪ ＊1 $= N \times 2$ 　 ① $N=$ ＊1 $\times 2$ 　 ② ＊1 $= N \times 3$

③ $N=$ ＊1 $\times 3$ 　 ④ ＊1 $= N \times 3!$ 　 ⑤ $N=$ ＊1 $\times 3!$

(3) また，N を求める際に，次のように考えることもできる。

まず，火を管理する2人を選ぶ。この方法は $_8C_2$ 通りある。残りの6人のうち，名前の五十音順が最も早い人に着目し，その人がどの2人と同じ3人のグループに入っているのかを考えて

$$N = {}_8C_2 \times \boxed{ケ}$$

とも求まる。

$\boxed{ケ}$ の解答群

⓪ $_6C_2$	① $_6C_3$	② $\dfrac{_6C_2}{2}$	③ $\dfrac{_6C_3}{3}$	④ $_6P_2$
⑤ $_5C_2$	⑥ $_5C_4$	⑦ $\dfrac{_5C_2}{2}$	⑧ $\dfrac{_5C_3}{3}$	⑨ $_5P_2$

(4) もう1人バーベキューに参加することになり，計9人になった。

改めて役割分担を考える際に，役割は後から決めることにし，今度はまず3人，3人，3人の3つのグループに分けることになった。このような3人ずつの3つのグループに分ける方法の総数は $\boxed{*2}$ で求まる。

$\boxed{*2}$ に当てはまるものは，次の⓪〜⑨のうち $\boxed{コ}$，$\boxed{サ}$，$\boxed{シ}$ である。

$\boxed{コ}$ 〜 $\boxed{シ}$ の解答群（解答の順序は問わない。）

⓪ $_9C_3 \times {}_5C_2$	① $_9C_3 \times {}_6C_3$	② $_8C_2 \times {}_5C_2$	③ $\dfrac{_9C_3 \times {}_6C_3}{3}$
④ $\dfrac{_9C_3 \times {}_6C_3}{3!}$	⑤ $\dfrac{_9C_3 \times {}_6C_2}{3!}$	⑥ $_9C_3 \times \dfrac{_5C_2}{2}$	⑦ $_8C_2 \times \dfrac{_6C_3}{2}$
⑧ $\dfrac{_9C_3 \times {}_6C_2}{3}$	⑨ $\dfrac{_9C_3 \times {}_5C_2}{3!}$		

(5) さらに，川で遊んでいたクラスメイト5人もバーベキューに参加することになった。

そこで，まず，バーベキューの色々な準備のために，計14人を2人，4人，4人，4人の4つのグループに，そして，最後の片づけのために3人，3人，4人，4人の4つのグループに改めて分けることにした。すると，準備のために14人を分ける方法の総数は $\boxed{*3}$，片づけのために14人を分ける方法の総数は $\boxed{*4}$ で求まる。

次 の ⓪ 〜 ⑨ の う ち ， $\boxed{*3}$ に 当 て は ま る も の は $\boxed{ス}$ ， $\boxed{セ}$ ， $\boxed{ソ}$ ， $\boxed{タ}$ ， $\boxed{チ}$ で あ り ， $\boxed{*4}$ に 当 て は ま る も の は $\boxed{ツ}$ ， $\boxed{テ}$ ， $\boxed{ト}$ ， $\boxed{ナ}$ ， $\boxed{ニ}$ で あ る 。 た だ し ， $\boxed{ス}$ 〜 $\boxed{チ}$ ， $\boxed{ツ}$ 〜 $\boxed{ニ}$ の 解 答 の 順 序 は 問 わ な い 。 同 じ も の を 繰 り 返 し 選 ん で も よ い 。

⓪ $\dfrac{{}_{14}C_3 \times {}_{11}C_3 \times {}_8C_4}{2 \times 2}$ 　　① ${}_{14}C_6 \times {}_5C_2 \times \dfrac{{}_8C_4}{2}$ 　　② $\dfrac{{}_{14}C_3 \times {}_{11}C_3}{2} \times {}_7C_3$

③ ${}_{14}C_2 \times {}_{11}C_3 \times {}_7C_3$ 　　④ $\dfrac{{}_{14}C_2 \times {}_{12}C_4 \times {}_8C_4}{3!}$ 　　⑤ ${}_{14}C_2 \times {}_{11}C_3 \times \dfrac{{}_8C_4}{2}$

⑥ $\dfrac{{}_{14}C_4 \times {}_{10}C_4}{2} \times {}_5C_2$ 　　⑦ $\dfrac{{}_{14}C_4 \times {}_{10}C_4 \times {}_6C_2}{3!}$ 　　⑧ $\dfrac{{}_{14}C_2 \times {}_{12}C_4 \times {}_7C_3}{3}$

⑨ ${}_{14}C_6 \times {}_5C_2 \times {}_7C_3$

問題 6－2 〈解答解説〉

解答記号	ア, イ, ウ, エ	オ	カキク	ケ	コ, サ, シ
正解	②, ③, ④, ⑧ (解答の順序は問わない)	⓪	280	⑤	②, ④, ⑦ (解答の順序は問わない)
チェック					

解答記号	ス, セ, ソ, タ, チ	ツ, テ, ト, ナ, ニ
正解	③, ④, ⑤, ⑦, ⑧ (解答の順序は問わない)	⓪, ①, ②, ⑥, ⑨ (解答の順序は問わない)
チェック		

《役割を分担することにともなうグループ分け》　(実用設定)

(1) 火を管理するグループをA，食材を用意するグループをB，川で魚を釣るグループをCとする。8人のなかからA，B，Cの3つのグループに分ける手順を考えていく。

8人からAのための2人を選ぶ方法は $_8C_2 \left(=\dfrac{_8P_2}{2!}\right)$ 通りで，

そのもとで，残りの6人からBのための3人を選ぶ方法が $_6C_3$ 通りあり，それらが決定すると，残りの3人が自動的にCとなる。

すると，分かれ方の総数は，② $_8C_2\times_6C_3$ か④ $\dfrac{_8P_2\times_6C_3}{2!}$ とわかる。

同様に，Bのメンバーを決めてからAのメンバーを決めると考えれば，総数は③ $_8C_3\times_5C_2$ とわかる。

最後に，いったん8人をランダムに一列に並べ，左から2人をAのメンバーに，次の3人をBのメンバーに，残る右から3人をCのメンバーに入れるとする。この方法だと，一列に並べた総数8!通りのなかに

$$\underbrace{①, ②}_{\text{Aに入る}}　\underbrace{③, ④, ⑤}_{\text{Bに入る}}　\underbrace{⑥, ⑦, ⑧}_{\text{Cに入る}}　と　\underbrace{②, ①}_{\text{Aに入る}}　\underbrace{④, ⑤, ③}_{\text{Bに入る}}　\underbrace{⑦, ⑥, ⑧}_{\text{Cに入る}}$$

などが別々の1通りとしてカウントされるが，これらは*1の総数を考える上では同じもの，すなわち1通りとしてカウントしなくてはいけない。8!通りのなかに，Aの並べかえで2!通り，B，Cの並べかえでそれぞれ3!通り，計 $2!\times3!\times3!$ 通りの並べかえが，1通りとしてカウントしなくてはいけないもののすべてであるので，

*1の総数は⑧ $\dfrac{8!}{2!\times3!\times3!}$ としても求まる。

よって，*1 に当てはまるものは ②，③，④，⑧ →**ア，イ，ウ，エ** である。

なお，*1 の値は 560 となり，②，③，④，⑧以外の選択肢は値が異なる。

(2)　役割を決める前の 2 人，3 人，3 人の分かれ方に対して，それがどのような分かれ方に対しても，3 人のグループの一方が B となるか C となるかが決まれば，役割が決まる。

役割を決める前の 2 人，3 人，3 人の分け方の総数が N で，役割決定後の総数が *1 であるから，　*1 = $N \times 2$ の関係式が成り立つ。 ⓪ →**オ**

ゆえに，$N = \dfrac{*1}{2} = \dfrac{560}{2} = \boxed{280}$ →**カキク** とわかる。

(3)　また，N を考える上で

8 人から A のための 2 人を選ぶ方法は $_8C_2$ 通りで，

そのもとで，残りの 6 人を 3 人，3 人の 2 つのグループに分けるにあたって，残りの 6 人は 6 人ともどちらかのグループには入るので，誰か特定の 1 人に着目して，その人と同じグループになる 2 人を残りの 5 人から選ぶことで，その分け方がすべて得られる。

ゆえに

$N = {}_8C_2 \times {}_5C_2$ ⑤ →**ケ**

で得られる。

(注)　本問ではその特定の 1 人を「名前の五十音順が最も早い人」と表現しているだけである。

(4)　(2)のように，役割を決めた後に，その重複分を考える方法を(甲)，(3)のように，特定の 1 人に着目して考える方法を(乙)とよぶことにする。

いま，9 人を，役割を決めずに 3 人，3 人，3 人に分けることに対して

(i)　(甲)の考え方なら，$_9C_3 \times _6C_3$ 通りで役割決定後の分け方の総数が求まり，役割決定前の 1 通りに対して役割決定後の分け方が 3! 通りに定まり，これがどの 1 通りの分け方に対しても同じであるから，　*2 $\times 3! = {}_9C_3 \times {}_6C_3$ の関係式が成立し，④ $\dfrac{{}_9C_3 \times {}_6C_3}{3!}$ 通りである。

(ii)　(乙)の考え方なら，特定の 1 人に着目して，その人と同じグループになる 2 人を定めると $_8C_2$ 通りで，その上で，残りの 6 人を 3 人，3 人のグループに分けることになる。

また，そのとき，その6人のなかの特定の1人に着目して，その人と同じグループになる2人を定めると $_5C_2$ 通りで，総数は ② $_8C_2 \times _5C_2$ 通りである。

(iii)　(甲)，(乙)の考え方を合わせると，特定の1人に着目して，その人と同じグループになる2人を定めると $_8C_2$ 通りで，その上で，残りの6人を3人，3人のグループに分ける分け方に(乙)の考え方を適用すると，総数は ⑦ $_8C_2 \times \dfrac{_6C_3}{2}$ 通りである。

これ以外の選択肢は値が異なる。よって，*2 に当てはまるものは ②，④，⑦ →コ，サ，シ である。

(5)　(4)と同様に，14人を2人，4人，4人，4人に分ける分け方に対して

・14人から2人を選び，その上で，12人を4人ずつの3つのグループに分ける(★) と考え

　　a．(4)の(i)のように考えると，(★)の方法は，$\dfrac{_{12}C_4 \times _8C_4}{3!}$ 通りで，総数は

　　④ $\dfrac{_{14}C_2 \times _{12}C_4 \times _8C_4}{3!}$ 通りである。

　　b．(4)の(ii)のように考えると，(★)の方法は，$_{11}C_3 \times _7C_3$ 通りで，総数は ③ $_{14}C_2 \times _{11}C_3 \times _7C_3$ 通りである。

　　c．(4)の(iii)のように考えると，(★)の方法は，$_{11}C_3 \times \dfrac{_8C_4}{2}$ 通りで，

　　⑤ $_{14}C_2 \times _{11}C_3 \times \dfrac{_8C_4}{2}$ 通りである。

　　d．まず12人から4人選ぶ。その数が $_{12}C_4$ 通りであり，そのもとで，残りの8人を4人，4人の2つのグループに分ける際に，(甲)の考え方で，$_7C_3$ 通りである。しかし，この数え方では，最初に選んだ4人のグループが，残りの4人，4人の2つのグループのいずれかに現れる場合が重複して数えられており，求める総数の3倍になっているので，$\dfrac{_{12}C_4 \times _7C_3}{3}$ 通りで，総数は

　　⑧ $\dfrac{_{14}C_2 \times _{12}C_4 \times _7C_3}{3}$ 通りである。

・14人を4人，4人，4人の3つのグループに分け，残った2人が1つのグループになると考えると，(甲)の考え方で，⑦ $\dfrac{_{14}C_4 \times _{10}C_4 \times _6C_2}{3!}$ 通りである。

以上より，*3 に当てはまるものは ③，④，⑤，⑦，⑧ →ス，セ，ソ，タ，チ である。

14 人を 3 人，3 人，4 人，4 人に分ける分け方に対して

- (甲)の考え方で分けるなら，役割決定後の分け方は $_{14}C_3 \times _{11}C_3 \times _8C_4$ 通りで，それぞれ役割決定前の 1 通りの方法から，役割決定後の分け方が 2×2 通り考えられるので，⓪ $\dfrac{_{14}C_3 \times _{11}C_3 \times _8C_4}{2 \times 2}$ 通りである。

- 14 人のうち，3 人，3 人の 2 つのグループに入る 6 人を決めてから，残りの 8 人を 4 人，4 人の 2 つのグループに分けると考える。

  まず，14 人のうち 3 人，3 人の 2 つのグループに分ける方法は

  (甲)の考え方なら，$\dfrac{_{14}C_3 \times _{11}C_3}{2}$ 通り

  (乙)の考え方なら，$_{14}C_6 \times _5C_2$ 通り

  であり，その上で

  残りの 8 人を 4 人，4 人の 2 つのグループに分ける方法は

  (甲)の考え方なら，$\dfrac{_8C_4}{2}$ 通り

  (乙)の考え方なら，$_7C_3$ 通り

  であるから，総数は ① $_{14}C_6 \times _5C_2 \times \dfrac{_8C_4}{2}$，② $\dfrac{_{14}C_3 \times _{11}C_3}{2} \times _7C_3$，⑨ $_{14}C_6 \times _5C_2 \times _7C_3$ 通りである。

- 14 人のうち，4 人，4 人の 2 つのグループに入る 8 人を決めるのに，(甲)の考え方で $\dfrac{_{14}C_4 \times _{10}C_4}{2}$ 通りで，その上で，残りの 6 人を 3 人，3 人の 2 つのグループに分けるのに，(乙)の考え方で $_5C_2$ 通りと考えると，総数は

  ⑥ $\dfrac{_{14}C_4 \times _{10}C_4}{2} \times _5C_2$ 通りである。

以上より，＊4 に当てはまるものは ⓪，①，②，⑥，⑨ →ツ，テ，ト，ナ，ニ である。

6
-
2

解説

　本問はグループ分けの場合の数に関して，求めたい場合の数がどのような計算式で求まるのかを選択肢から選ぶ問題である。場合の数での計算式は，「足し算，引き算，掛け算，割り算の組合せ」であるから，それぞれの計算をする場面がどんなときかをきちんと認識しておこう。もう 1 つ，場合の数でのポイントとして，「数えたいものと何らかの対応がついているものを考え，対応関係を考慮して計算する」ことがあげられる。これら 2 つのポイントの両方の考え方を用いる典型例がグループ分けの問題である。

　そこで，まず，扱う数を小さな数とした場合でグループ分けの考え方のポイントを

解説しておこう。たとえば，5人を2人と3人からなる2つのグループに分ける場合の数の総数は $_5C_2 = \dfrac{5 \cdot 4}{2 \cdot 1} = 10$ という計算では正しく求まるが，4人を2人ずつからなる2つのグループに分ける場合の数の総数が $_4C_2 = \dfrac{4 \cdot 3}{2 \cdot 1} = 6$ という計算では正しく求まらない。この違いをきちんと認識し，理解することが重要である。

　まず，5人（A，B，C，D，Eと名付けておく）を2人と3人に分ける方法は，次の左の一覧にある全10通りである。

全10通り	全10通り
$\{A,\ B\},\ \{C,\ D,\ E\}$	$\{A,\ B\}$
$\{A,\ C\},\ \{B,\ D,\ E\}$	$\{A,\ C\}$
$\{A,\ D\},\ \{B,\ C,\ E\}$	$\{A,\ D\}$
$\{A,\ E\},\ \{B,\ C,\ D\}$	$\{A,\ E\}$
$\{B,\ C\},\ \{A,\ D,\ E\}$	$\{B,\ C\}$
$\{B,\ D\},\ \{A,\ C,\ E\}$	$\{B,\ D\}$
$\{B,\ E\},\ \{A,\ C,\ D\}$	$\{B,\ E\}$
$\{C,\ D\},\ \{A,\ B,\ E\}$	$\{C,\ D\}$
$\{C,\ E\},\ \{A,\ B,\ D\}$	$\{C,\ E\}$
$\{D,\ E\},\ \{A,\ B,\ C\}$	$\{D,\ E\}$

　右の一覧に書いたのは，5人から2人を選ぶ組合せである。「⟷」は左右の一覧のそれぞれの間に“1対1の対応関係がある”ことを示している。“1対1の対応関係がある”とは，左の一覧の1つを指定すると，それに応じて右の一覧の1つが指定でき，逆に，右の一覧の1つを指定すると，それに応じて左の一覧の1つが指定できることを表す。上での左から右の対応は，5人を2人と3人の2つのグループに分けたグループ分けに対して，2人のグループを指定している。2人のグループは3人のグループとは人数が違うことから，どちらを指しているかが定まる。逆に，右から左の対応は，5人から2人を選んだ方法に対して，その2人が2人グループをなし，選ばれなかった3人が3人グループをなすような5人の分け方を指定している。

　このように，左右の一覧で“1対1の対応関係がある”ことがわかるから，左の一覧数を計算する際，それと同数である右の一覧数を計算すればよいことがわかる。もちろん，右の一覧数は，全部で $_5C_2 = \dfrac{5 \cdot 4}{2 \cdot 1} = 10$ 個ある。

　では，次に，4人（X，Y，Z，Wと名付けておく）を2人ずつの2つのグループに分ける方法を考えよう。次の中央の一覧にある全3通りである。ここで注意したいことは，グループ分け{X，Y}，{Z，W}と{Z，W}，{X，Y}は同じグループ分けであるということである。

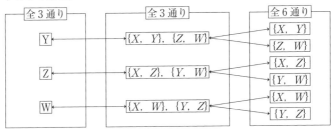

　右に書いた一覧は，4人から2人を選ぶ組合せである。その総数は${}_4\mathrm{C}_2=\dfrac{4\cdot3}{2\cdot1}=6$であるが，4人から2人を選ぶ組合せとグループ分けとは，1対1の対応関係にはなっていない。2人のグループが2つあり，この2つのグループは人数による区別ができないため，4人から2人を選ぶ組合せとして，{X，Y}と，{Z，W}は組合せとしては「違う」が，「同じ」グループ分けを定めてしまうのである（この現象は，人数が同じグループが存在することから生じることであり，先ほどの5人を2人と3人のグループに分ける際には生じない）。このことから，1対1の対応関係が崩れるのであるが，注意してみると，1対2の対応関係になっていることに気づくであろう。中央の一覧にいくつのグループ分けが入っているかを求めたいのであるが，右の一覧には，${}_4\mathrm{C}_2=\dfrac{4\cdot3}{2\cdot1}=6$個の数が入っており，1対2の対応関係になっていることがわかっていることから，グループ分けの総数は，$\dfrac{{}_4\mathrm{C}_2}{2}=3$であると計算することができる。

　一方，左の一覧には，中央の一覧に入っているグループ分けとの間に1対1の対応がつくものを書いている。対応ルールは，中央から左は，Xと同じグループに属するもう1人であり，逆は，その人をXと同じグループに入れるというルールである。このように，1対1に対応がつくことから，グループ分けの総数を左の一覧にあるものの総数として考えることができる。Xと同じグループに入る人の総数は，4人からXの1人を除いたY，Z，Wの3人から1人を選ぶ総数${}_3\mathrm{C}_1=3$である。

　本問では，中央の一覧と右の一覧との対応関係を考慮した計算による場合の数と，中央の一覧と左の一覧との1対1対応関係を考慮した場合の数の考察をテーマとした問題を扱った。

問題 6 - 3

オリジナル問題

　太郎さんと花子さんは“あっちむいてホイ”というゲームで遊んでいる。

“あっちむいてホイ”のルール説明

① コインを投げて

　　表が出ると花子さんが攻め手

　　裏が出ると太郎さんが攻め手

　となる。

② 攻め手は、「あっちむいて」と言ってから「ホイ」と言うと同時に、指を上下左右のいずれかに向ける。

　守り手は、相手に「ホイ」と言われると同時に、顔を上下左右のいずれかに向ける。

③ 指と顔が同じ方向を向けば、攻め手の勝利となる。異なる方向を向けば、①に戻る。

④ どちらかが勝つまで、①〜③を1セットとして繰り返す。

　ただし、3セット目で勝負がつかないときは、引き分けとなる。

　ただし、この“あっちむいてホイ”というゲームは、2人が向かいあって行うので

　　　　　　攻め手の指が上向きで、守り手が顔を上に向ける

　　　　　　　　〃　　下　　　　　〃　　　　下　　〃

　　　　　　　　〃　　右　　　　　〃　　　　左　　〃

　　　　　　　　〃　　左　　　　　〃　　　　右　　〃

とき、指と顔が同じ方向を向くということにする。それ以外は指と顔が異なる方向を向いているということになる。

　たとえば

・コインを投げて表が出る。すると、花子さんが攻め手となり、2人は向きあう。

・花子さんは「あっちむいて」と言ってから、「ホイ」と発声する。このとき、花子さんの指が上向きで、太郎さんが顔を左に向けている。

・指と顔が同じ方向を向いていないので、花子さんの勝利とはならず、再びコインを投げることになる。

太郎さん，花子さんの指をさす方向，顔を向ける方向はそれぞれ

- 太郎さんは自身が攻め手のとき，$\dfrac{2}{5}$ の確率で指を上にさし，その他 3 方向をさす確率はそれぞれ $\dfrac{1}{5}$ とする。

- 太郎さんは自身が守り手のとき，右に顔を向けることはなく，その他 3 方向を向く確率はそれぞれ $\dfrac{1}{3}$ とする。

- 花子さんは自身が攻め手のとき，$\dfrac{2}{5}$ の確率で指を左にさし，その他 3 方向をさす確率はそれぞれ $\dfrac{1}{5}$ とする。

- 花子さんは自身が守り手のとき，上にのみ顔を向けるとする。

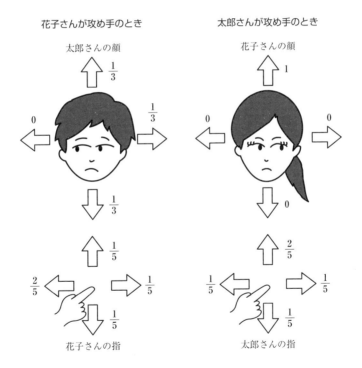

(1)　このとき

1 セット目で勝敗が決まらない確率は　$\boxed{\ \text{ア}\ }$　である。

1 セット目で勝敗が決まり，花子さんが勝利する確率は　$\boxed{\ \text{イ}\ }$　である。

2セット目までで勝敗が決まり，花子さんが勝利する確率は　ウ　である。

3セット目までで勝敗が決まり，花子さんが勝利する確率は　エ　である。

ア ， イ の解答群

⓪ $\dfrac{1}{10}$　　① $\dfrac{2}{10}$　　② $\dfrac{3}{10}$　　③ $\dfrac{4}{10}$　　④ $\dfrac{5}{10}$

⑤ $\dfrac{6}{10}$　　⑥ $\dfrac{7}{10}$　　⑦ $\dfrac{8}{10}$　　⑧ $\dfrac{9}{10}$

ウ ， エ の解答群

⓪　ア $(1+$ イ $)$

①　イ $(1+$ ア $)$

②　ア $\{1+$ イ $+($ イ $)^2\}$

③　イ $\{1+$ ア $+($ ア $)^2\}$

④　ア $\{1+$ イ $+($ イ $)^2+($ イ $)^3\}$

⑤　イ $\{1+$ ア $+($ ア $)^2+($ ア $)^3\}$

(2) 太郎さんと花子さんの2人は，次の日も"あっちむいてホイ"で勝負することになった。花子さんは太郎さんのくせを見抜いたため，自分が勝利する確率を上げるための作戦として，最も有効な

「　オ　」

という作戦をとることにした。

花子さんが作戦　オ　をとるとすると

1セット目で勝敗が決まらない確率は　カ　である。

1セット目で勝敗が決まり，花子さんが勝利する確率は　キ　である。

オ の解答群

⓪　花子さんは自身が攻め手のときに上にのみ指をさし，
　　　　　自身が守り手のときは前日と同じ確率で顔を向ける

①　花子さんは自身が攻め手のときに右にのみ指をさし，
　　　　　自身が守り手のときは下にのみ顔を向ける

②　花子さんは自身が攻め手のときに左にのみ指をさし，
　　　　　自身が守り手のときは前日と同じ確率で顔を向ける

③　花子さんは自身が攻め手のときに左にのみ指をさし，

自身が守り手のときは上にのみ顔を向ける

　カ　，　キ　の解答群

⓪　$\dfrac{6}{60}$　　　①　$\dfrac{10}{60}$　　　②　$\dfrac{14}{60}$　　　③　$\dfrac{18}{60}$　　　④　$\dfrac{22}{60}$

⑤　$\dfrac{39}{60}$　　　⑥　$\dfrac{40}{60}$　　　⑦　$\dfrac{42}{60}$　　　⑧　$\dfrac{44}{60}$　　　⑨　$\dfrac{45}{60}$

(3)　作戦　オ　をとる前に花子さんが勝利する確率を P_F, 作戦　オ　をとった後に花子さんが勝利する確率を P_S とすると，$\dfrac{P_S}{P_F}$ に最も近い値は　ク　である。

　ク　の解答群

⓪　1.5　　　　　①　1.75　　　　　②　2　　　　　③　2.25

問題 6－3

解答記号	ア	イ	ウ	エ	オ	カ	キ	ク
正解	⑥	⓪	①	③	①	⑧	①	①
チェック								

《"あっちむいてホイ"の勝敗の確率》　　　　　実用設定

(1)　1セット目で勝敗が決まらないのは

　　花子さんが攻め手となり，花子さんの指の向きと太郎さんの顔の向きがあわない

　　太郎さんが攻め手となり，太郎さんの指の向きと花子さんの顔の向きがあわない

　ときであるから，その確率は

$$\frac{1}{2}\times\left(\frac{1}{5}\times\frac{2}{3}\times3+\frac{2}{5}\times1\right)+\frac{1}{2}\times\left(\frac{1}{5}\times1\times3+\frac{2}{5}\times0\right)=\frac{7}{10}\quad\boxed{⑥}\quad →ア$$

　である。

　1セット目で勝敗が決まり，花子さんが勝利するのは

　　花子さんが攻め手となり，花子さんの指の向きと太郎さんの顔の向きがあう

　ときであるから，その確率は

$$\frac{1}{2}\times\left(\frac{1}{5}\times\frac{1}{3}\times3+\frac{2}{5}\times0\right)=\frac{1}{10}\quad\boxed{⓪}\quad →イ$$

　である。

　2セット目までで勝敗が決まり，花子さんが勝利するのは

(ⅰ)　1セット目で勝敗が決まり，花子さんが勝利する

　または

(ⅱ)　1セット目は勝敗が決まらず，

　　　2セット目で勝敗が決まり，花子さんが勝利する

　ときであり，(ⅰ)の確率は $\boxed{イ}$ ，(ⅱ)の確率は $\boxed{ア}\times\boxed{イ}$，(ⅰ)，(ⅱ)は排反であ

るから，求める確率は

$$\boxed{イ}+\boxed{ア}\times\boxed{イ}=\boxed{イ}\left(1+\boxed{ア}\right)\quad\boxed{①}\quad →ウ$$

　である。

(ⅲ)　1セット目，2セット目で勝敗が決まらず，

　　　3セット目で勝敗が決まり，花子さんが勝利する

　に対して，3セット目までで勝敗が決まり，花子さんが勝利するのは

　　　　(ⅰ)または(ⅱ)または(ⅲ)

　のときであり，(ⅲ)の確率は $\left(\boxed{ア}\right)^2\times\boxed{イ}$，(ⅰ)，(ⅱ)，(ⅲ)は互いに排反である

から，求める確率は

$$\boxed{\text{イ}} + \boxed{\text{ア}} \times \boxed{\text{イ}} + (\boxed{\text{ア}})^2 \times \boxed{\text{イ}}$$

$$= \boxed{\text{イ}} \{1 + \boxed{\text{ア}} + (\boxed{\text{ア}})^2\} \quad \boxed{③} \quad →エ$$

である。

(2)　花子さんが勝利するためには

花子さんが太郎さんの顔を向ける確率が大きい方向により大きい確率で指をさす

花子さんが太郎さんの指をさす確率が小さい方向により大きい確率で顔を向ける

方がよいので，どちらも改善されているのは，$\boxed{①}$　→オ　である。

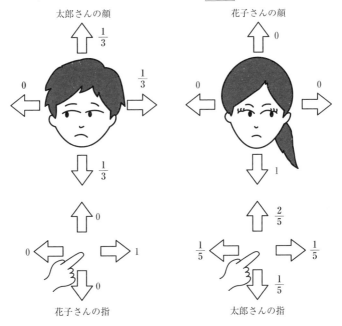

太郎さんの顔　　　　　　　　　　　花子さんの顔

花子さんの指　　　　　　　　　　　太郎さんの指

アと同様にして，1セット目で勝敗が決まらない確率は

$$\frac{1}{2} \times \left(1 \times \frac{2}{3}\right) + \frac{1}{2} \times \left(\frac{2}{5} \times 1 + \frac{1}{5} \times 1 \times 2\right) = \frac{11}{15}\left(= \frac{44}{60}\right) \quad \boxed{⑧} \quad →カ$$

イと同様にして，1セット目で勝敗が決まり，花子さんが勝利する確率は

$$\frac{1}{2} \times 1 \times \frac{1}{3} = \frac{1}{6} \left(= \frac{10}{60}\right) \quad \boxed{①} \quad →キ$$

である。

(3)　$P_F = \boxed{\text{エ}}$　であり

$$P_F = \boxed{\text{イ}}\{1 + \boxed{\text{ア}} + (\boxed{\text{ア}})^2\}$$

P_S も P_F と同様に

$$P_S = \boxed{\text{キ}}\{1 + \boxed{\text{カ}} + (\boxed{\text{カ}})^2\}$$

であり

$$\frac{P_S}{P_F} = \frac{\dfrac{1}{6}\left\{1 + \dfrac{44}{60} + \left(\dfrac{44}{60}\right)^2\right\}}{\dfrac{1}{10}\left\{1 + \dfrac{42}{60} + \left(\dfrac{42}{60}\right)^2\right\}}$$

となる。

$\dfrac{44}{60} > \dfrac{42}{60}$ より

$$\frac{P_S}{P_F} > \frac{\dfrac{1}{6}}{\dfrac{1}{10}} \cdot \frac{1 + \dfrac{42}{60} + \left(\dfrac{42}{60}\right)^2}{1 + \dfrac{42}{60} + \left(\dfrac{42}{60}\right)^2} = \frac{5}{3} > 1.66 \quad \cdots\cdots ①$$

$\dfrac{44}{60} < \dfrac{45}{60} = \dfrac{3}{4}$ より

$$\frac{P_S}{P_F} < \frac{\dfrac{1}{6}}{\dfrac{1}{10}} \cdot \frac{1 + \dfrac{3}{4} + \left(\dfrac{3}{4}\right)^2}{1 + \dfrac{7}{10} + \left(\dfrac{7}{10}\right)^2} = \frac{37}{96} \times \frac{1000}{219} < 1.76 \quad \cdots\cdots ②$$

選択肢の値のなかで①，②の条件を満たすものは $1.75\boxed{①}$ →**ク** である。

解 説

状況の把握にやや手間取るかもしれないが，1日目と2日目で細かな確率の値は変わってくるものの，操作自体は変わっていないので，その構造を読み取ることができれば，$P_S = \boxed{\text{キ}}\{1 + \boxed{\text{カ}} + (\boxed{\text{カ}})^2\}$ とすぐに気づくはずである。

$\dfrac{P_S}{P_F}$ は直に計算しなくてよいので，数値を評価して，いかに計算が楽にできるかがポイントであろう。

なお，**ク** の近似値を調べる際，$\dfrac{1 + \dfrac{44}{60} + \left(\dfrac{44}{60}\right)^2}{1 + \dfrac{42}{60} + \left(\dfrac{42}{60}\right)^2}$ を 1 と近似して計算すると，

$\dfrac{5}{3} = 1.66\cdots$ となることから，選択肢のうち，最も近い値として 1.75 が選べる。